基于天气雷达分钟降水的地质灾害预警技术

丁劲　王曙东　许文波　王阔音　高金兵　薛冰　张国平◎编著

气象出版社
China Meteorological Press

内 容 简 介

在当前信息化社会进入“互联网＋”阶段的背景下，为满足社会对于精细化降水预报服务的需求，天气雷达分钟降水预报系统于2015年构建完成并开展试运行。本书介绍该系统概况及其在地质灾害方面的应用研究。天气雷达分钟降水预报系统能够提供时间尺度上未来0～2 h、每5 min持续更新的降水、组合反射率、风速等预报信息，为社会提供了更及时有效的气象服务信息。

本书可为地质灾害方面的应用研究，以及更多相关领域的防灾减灾提供决策参考依据。

图书在版编目（CIP）数据

基于天气雷达分钟降水的地质灾害预警技术 / 丁劲等编著. -- 北京 : 气象出版社, 2024.3

ISBN 978-7-5029-8170-9

Ⅰ. ①基… Ⅱ. ①丁… Ⅲ. ①天气雷达－雷达探测－应用－降水预报 Ⅳ. ①P457.6

中国国家版本馆CIP数据核字(2024)第057035号

基于天气雷达分钟降水的地质灾害预警技术

Jiyu Tianqi Leida Fenzhong Jiangshui de Dizhi Zaihai Yujing Jishu

---

出版发行：气象出版社

地　　址：北京市海淀区中关村南大街46号　**邮政编码**：100081

电　　话：010-68407112(总编室)　010-68408042(发行部)

网　　址：http://www.qxcbs.com　**E-mail**：qxcbs@cma.gov.cn

责任编辑：王萃萃　**终　　审**：吴晓鹏

责任校对：张硕杰　**责任技编**：赵相宁

封面设计：艺点设计

印　　刷：北京建宏印刷有限公司

开　　本：787 mm×1092 mm　1/16　**印　　张**：5.5

字　　数：138千字

版　　次：2024年3月第1版　**印　　次**：2024年3月第1次印刷

定　　价：60.00元

前言

天气雷达分钟降水预报系统作为精细化短临气象服务产品，自 2015 年开展试运行至今，获省部级科技奖励 1 项、司局级科技奖励 2 项。依托本系统，研发团队人员获得来自国家自然科学基金委员会、科技部等多个项目的基金支持。8 年来，系统及其产品广泛为气象部门、社会气象公司及其他科技公司提供了保障和服务，具有一定的社会价值和影响力。

系统经多次升级优化已比较成熟，目前可提供时间分辨率为 5 min、空间分辨率为 1 km×1 km、预报更新频次为 6 min 的雷达单站产品和全国拼图产品。其中，单站产品包含分钟级实况降水估计和外推产品、雷达回波实况和外推组合反射率、雷达反演的实况风场风速和风向等多个要素；拼图产品包含分钟降水预报、雷达反演的实况风场 U 分量和 V 分量、外推回波组合反射率等要素。在此，由衷感谢中国气象局相关领导一直以来对该系统建设和发展提供的支持，感谢中国气象局张国平首席及其技术团队对该系统在建设、运维、优化、推广等各个方面做出的巨大贡献，以及对本书编写所提供的悉心指导和大力支持。

本书的出版，一方面是对系统现有部分成果进行总结；另一方面是对 8 年来的相关工作做个小结，希望以此作为天气雷达分钟降水预报系统系列工作的一个小小里程碑，展望分钟降水系统继续向“预报精准”“服务精细”迈进。

最后，再次为在书稿材料提供、书稿内容编写等方面，在天气雷达分钟降水预报系统研发、建设、运维、优化、推广、应用、业务化评审材料准备等方面，做出过重要贡献、进行过相关工作、提出过宝贵建议的每位领导、专家、同事，表示衷心的感谢。

丁劲

2023 年 9 月

目录

第1章 天气雷达分钟降水概述

高分辨率、准确的实时降水量估测是水文预测和洪水警报中最重要的关键技术之一。特别在汛期，局地性洪涝因其突发性强、难测难报等特点，不仅影响道路交通安全，还在一定程度上造成城市内涝、农田渍涝、江河水涨、地质灾害等次生灾害，给人民生活财产造成了极大影响。及时准确地预报灾害性天气的预警可以帮助防止自然灾害造成的伤亡和损失，开展精细化的高时空分辨率的降水预报服务迫在眉睫。天气雷达具有较高的探测空间分辨率和时间分辨率，是探测降水系统的主要手段。随着个人电脑和互联网的逐步普及，大数据和云计算等技术的发展，信息化社会进入了“互联网＋”阶段，传统气象服务正在向“互联网＋气象服务”方向发展。

为满足社会对于降水预报服务的需求，中国气象局公共气象服务中心构建了天气雷达分钟降水预报系统(Minute Quantitative Precipitation Forecast system of China，MQPF)，简称天气雷达分钟降水或分钟降水。本系统以全国实时气象雷达数据和地面分钟降水观测资料为基础，用光流法外推和机器学习算法相结合，通过外推未来 2 h 内每 5 min 间隔的回波并利用机器学习方法建立分钟级降水观测值与雷达回波的关系，通过并行计算和大数据处理技术快速建立天气雷达分钟降水产品加工系统。系统自 2015 年研发完成并试运行起至今，能够提供时间尺度上未来 2 h、甚至精细到 5 min 的降水预报信息，在空间尺度上精细到街道，在一定程度上解决了天气预报中“局部地区”的困难，能为道路交通、出行旅游提供更及时、更有效的气象服务信息，在最大程度上保障公众出行的舒适度和安全性，大幅度提升气象服务数据的可用性与易用性。

1.1 总体技术方案

分钟降水以机器学习算法和光流法外推相结合，通过外推未来 2 h 内每 5 min 间隔的回波并利用机器学习方法建立分钟级降水观测值与雷达回波的关系，通过并行计算快速建立全国分钟降水产品加工系统。其总体技术框架如图 1.1 所示。

天气雷达分钟降水产品加工系统主要技术内容包括雷达分钟预报服务产品加工前处理、雷达回波外推、雷达降水估测、全国雷达分钟降水产品拼图、分钟降水检验。具体如下。

(1)雷达分钟前处理部分通过中国气象局公共气象服务中心雷达应用数据模型标准(PMSC Radar Common Data Model)统一全国雷达的基数据格式，读取全国 SA，SB，SC，CA，CB，

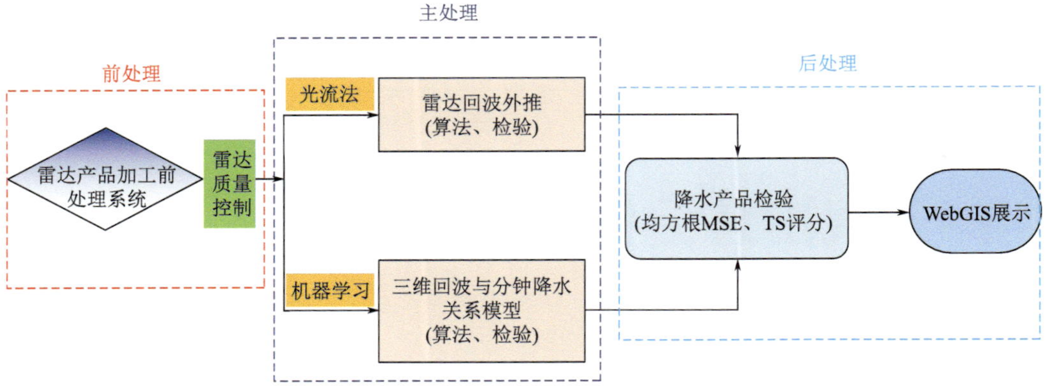

图 1.1　天气雷达分钟降水总体技术框架

CC,CD,88D 这 8 种格式基数据文件,根据雷达站经纬度高程并结合周边地形遮挡情况,开发满足分钟降水预报服务的雷达等高平面位置显示产品(CAPPI)生成系统,产品为 NetCDF 格式。

(2)雷达回波外推部分主要功能为实时监控三维雷达产品到达并进行解析,利用光流法进行雷达回波的外推并生成外推产品。

(3)雷达降水估测应用机器学习方法研究雷达分钟降水预报工作,并应用机器学习模型进行降水估计及检验。

(4)全国雷达分钟降水产品拼图利用各雷达单站生成的分钟降水预报文件进行拼图,获得全国雷达分钟降水的拼图产品。

(5)分钟降水检验利用准确率评分对降水预报进行实时检验,给出客观评价。

本系统以全国雷达资料和地面分钟降水资料为基础,对资料进行质量控制(雷达资料质量控制、地面资料质量控制)。读取全国 SA,SB,SC,CA,CB,CC,CD,88D 这 8 种格式标准雷达基数据文件,根据雷达站经纬度高程并结合周边地形遮挡情况按照设定的插值方式计算出指定海拔的 CAPPI,然后输出 NetCDF 文件,用于分钟降水机器学习。地面资料经过质量控制后,提取有用的气象指标和图像。利用光流法进行雷达回波的外推生成外推产品,并实现全国雷达拼图。系统对分钟降水产品进行了实时客观检验评价。

1.2　关键技术

1.2.1　雷达回波外推

基于光流法的雷达回波外推框架如图 1.2 所示。

雷达回波外推子系统以光流法为核心,主要采用 PyInotify 实时监控三维雷达产品的到达,并采用多进程并行处理技术分别对单个三维雷达产品文件进行解析处理、光流法回波外推、风场反演等衍生产品加工,快速生成外推产品。

1.2.1.1　PyInotify 技术

PyInotify 是一个 Python 模块,用来监测文件系统的变化。PyInotify 依赖于 Linux 内核

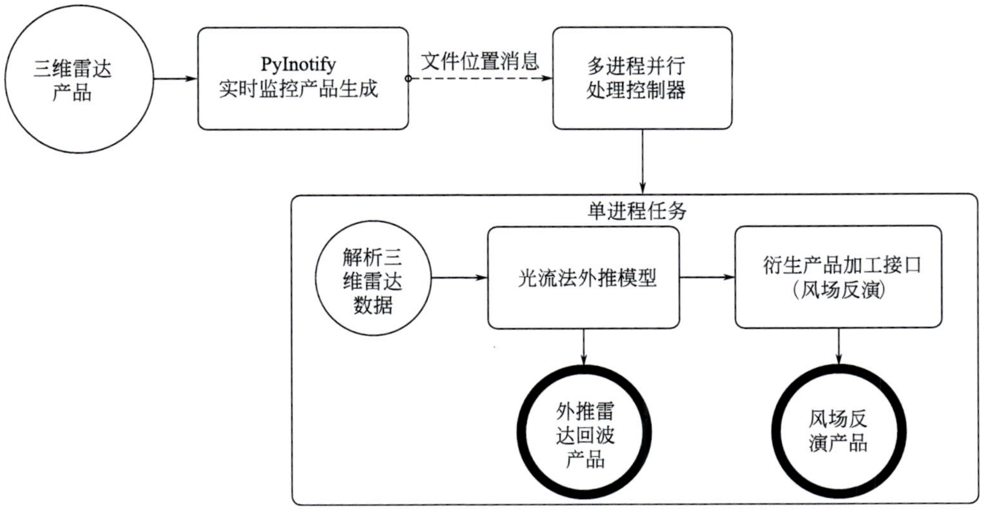

图 1.2　雷达回波外推总体技术框架

的功能——Inotify(Linux 内核从 2.6.13 开始引入)。Inotify 是一个事件驱动的通知器，其通知接口通过三个系统调用从内核空间到用户空间。PyInotify 结合这些系统调用，并提供一个顶级的抽象和一个通用的方式来处理这些功能。PyInotify 通过调用系统的 Inotify 来实现通知的。

与文件轮询通知机制相比，Inotify 文件变化通知机制具有明显的优点。文件轮询基于时间调度来跟踪文件变化，无法实时获取文件的变化状态。而 Inotify 为 Linux 提供了一套高效监控和跟踪文件变化的机制，可以实时地处理、调试及监控文件变化。

本子系统采用 PyInotify 来监控三维雷达产品的到达，以获取产品文件的位置信息，启动后继的处理流程。

1.2.1.2　光流法

分钟降水系统的雷达回波外推基于 Lucas-Kanade 光流法开展(Lucas et al.，1981)。光流法外推就是通过雷达回波的运动矢量将当前时次的回波进行外推。光流法(Bowler et al，2004)基于如下假设：①亮度恒定。就是同一点随着时间的变化，其亮度不会发生改变。这是基本光流法的假定(所有光流法变种都必须满足)，用于得到光流法基本方程。②小运动。这个也必须满足，就是时间的变化不会引起位置的剧烈变化，这样灰度才能对位置求偏导(换句话说，小运动情况下我们才能用前后帧之间单位位置变化引起的灰度变化去近似灰度对位置的偏导数)，这也是光流法不可或缺的假定。③空间一致性。一个场景上邻近的点投影到图像上也是邻近点，且邻近点速度一致。这是光流法特有的假定，因为光流法基本方程约束只有一个，而要求 x，y 方向的速度，有两个未知变量。假定特征点邻域内做相似运动，就可以联立 n 多个方程求取 x，y 方向的速度(n 为特征点邻域总点数，包括该特征点)。

1.2.2　雷达降水估测

高分辨率、准确的实时降水量估测是水文预测和洪水警报中最重要的关键技术之一。及时准确地预报灾害性天气的预警可以帮助防止自然灾害造成的人员伤亡和财产损失。天气雷达具有较高的探测空间分辨率和时间分辨率，是探测降水系统的主要手段。目前业务上常用的雷达估测降水方法为 Z-R 关系法，该方法是一种完全基于统计的方法。统计方法一般假设数据来源于某个数据模型，利用数据统计得出数据模型的参数，检验所假设数据模型的合理性。而机器学习方法可以依据要解决问题的特点，选定一种学习算法，从给定数据样本中学习，得到算法模型，算法往往没有显式表达式，但是模型具有泛化能力，能够针对未知数据进行推理，给出预测结果。考虑到雷达估测降水受多种因素影响，问题复杂，因此本章采用机器学习的方法来求解雷达回波和地面降水的关系，建立雷达估测降水模型。

本节技术基于已经完成雷达反射率因子 0～2 h 外推及前处理，并生成 CAPPI 雷达反射率因子后。为求解雷达回波和地面降水的关系，分钟降水系统中使用了多个机器学习模型，并进行结果融合以得到最优结果(图 1.3)。本书主要介绍其中的支持向量机算法(Support Vector Machine，SVM)模型(Cristianint，2000)(图 1.4)。

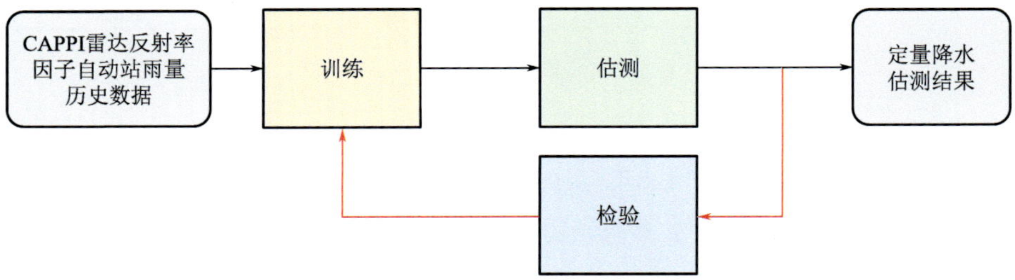

图 1.3　雷达降雨估测总体技术框架

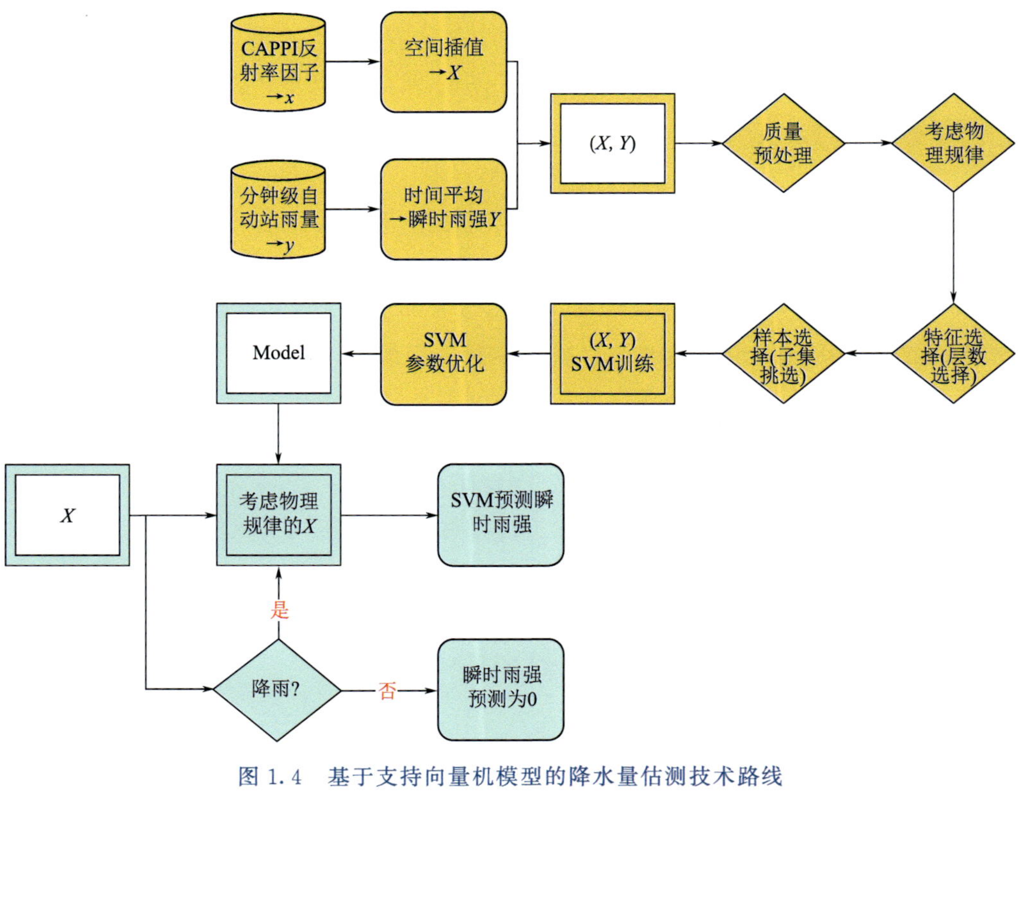

图 1.4　基于支持向量机模型的降水量估测技术路线

系统利用雷达产品多层 CAPPI 反射率因子作为样本特征，利用自动站雨量计分钟级雨量作为样本标签，进行模型训练、估测与检验，最终实现由雷达反射率因子得到定量降水估测的任务目标。

关于降雨与否的判断：根据最低有效的两层反射率因子 $R1$、$R2$ 及最大反射率因子 $R\max$，设三个阈值，小于阈值判定为不下雨，大于阈值判定为下雨，当判定为下雨时雨量由模型预测决定。

进行支持向量机算法模型训练之前有必要进行特征选择：由于反射率因子垂直廓线(VPR)随着不同季节，不同降雨类型，不同地形因素而不同，反射率因子垂直廓线中不同片段对降雨的预测效果是不同的；另一方面，对于 CAPPI，随着距离雷达中心的远近不同，反射率因子垂直廓线的完整性也不同，距离雷达中心近的部分高层 CAPPI 数据缺失，距离雷达远的部分低层 CAPPI 数据缺失；此外，对于高原雷达和平原雷达，反射率因子垂直廓线的缺失情况也是不同的。所以，根据实际情况，选择不同片段的反射率因子垂直廓线是必要的。

在支持向量机算法模型训练之前有必要进行样本选择：利用支持向量机学习关于 X,Y 的非线性关系时，X,Y 应尽可能遍历各种情况，即对应的雨量应尽可能遍历小雨、中雨、大雨、暴雨各个雨种。而实际的数据中，经常出现某地小雨极多而大雨极少的情况，会使支持向量机算法模型的预测结果更偏向小雨预测，而对大雨有所忽略，因此需要在支持向量机算法模型训练之前进行样本选择。

模型设计初衷是每来一个 X，便可以得到一个 Y，但是并不是所有得到的 Y 都可以与实际的 Y 进行评比与检验，原因有二：①实际的 Y 存在异常，如出现了超过 300 mm/h 的雨强，或者 NaN(NaN 为空值)，或者负值。②预测采用的 X 存在异常，如出现了 NaN，特定的负值，或者大于 100 dBZ 的值。所以需要特别注意的是，在训练阶段为了拟合雷达降雨非线性关系，不考虑不降雨的数据。在检验时，事先对于降雨不降雨是未知的，所以此处 $Y=0$ 不认为是异常，应该纳入正常检验，便于检验模型的漏报和空报。若存在异常情况，预测的 Y 与实际的 Y 做比较便没有任何意义，应予以删除。

1.3 全国雷达分钟降水产品拼图

当单站雷达分钟降水产品生成后，需要将最近时次的所有单站分钟降水产品利用拼图算法拼接起来生成一个全国范围分钟降水产品。拼图主要流程如下：

(1)全国雷达分钟降水产品拼图每 5 min 运行一次，运行前先关闭上一时次拼图的进程；

(2)读取分钟降水单站产品的分钟降水变量和坐标点，读取台湾雷达组合反射率拼图数据，读取降水相态数据；

(3)将所有站点的降水量，组合反射率(包括台湾组合反射率)和 4 km 高度 U、V 风，在空间上按照最邻近法赋值到全国地图上，即某一点有多个值，取离该点最近雷达的值。在时间上，将不同站点的分钟降水外推数据对齐到标准的 5 min 时间轴上；

(4)将 5 min 降水外推数据，降水相态数据，4 km 高度 U、V 风，输出成符合 CDM 标准的 NC4.0 文件；

(5)将雷达组合反射率，5 min 降水外推，1 h 累计降水外推制作成 PNG 图。后生成的图覆盖先生成的图。

拼图技术框架如图 1.5 所示。

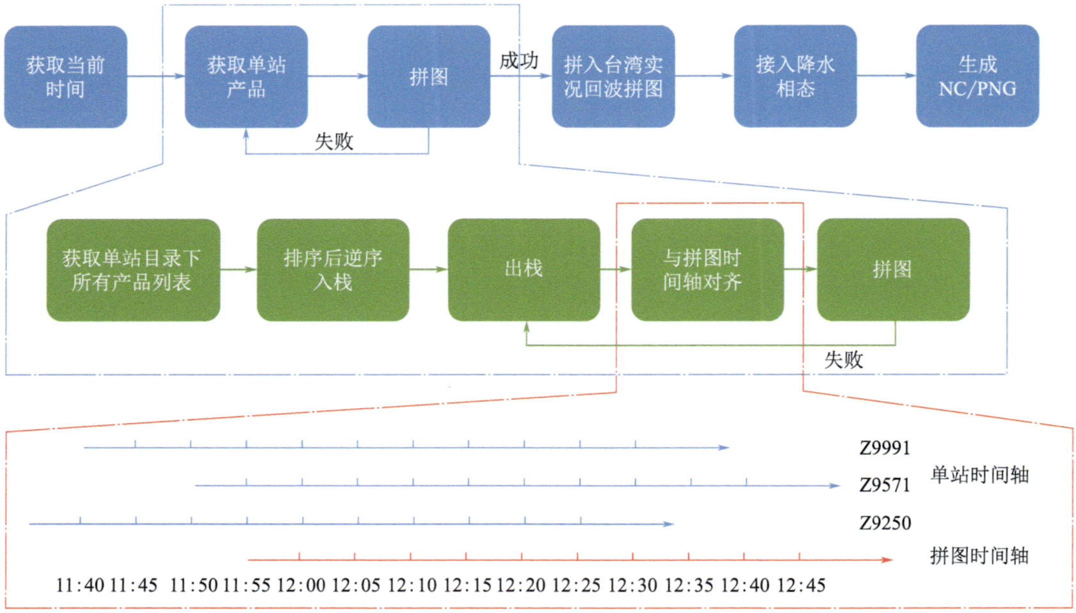

图 1.5　全国雷达分钟降水产品拼图技术框架

分钟降水雷达拼图是整个分钟降水产品加工的最终环节，拼图系统将所有单站分钟降水的所有产品按照地理位置拼接到一起，最终形成可用于分钟降水服务的产品形式。

1.4　检验与结果验证

1.4.1　检验方案与指标

记预测的结果为 R_i(雷达得到的雨强)，实际的结果为 G_i(雨量计得到雨强)，评价指标为：

(1)总偏差(BIAS)：

$$\mathrm{BIAS}=\sum_{i=1}^{n}R_i/\sum_{i=1}^{n}G_i \tag{1.1}$$

(2)均方根误差(RMSE)：

$$\mathrm{RMSE}=\sqrt{\frac{1}{n}\sum_{i=1}^{n}(R_i-G_i)^2} \tag{1.2}$$

(3)平均绝对误差(MAE)：

$$\mathrm{MAE}=\frac{1}{n}\sum_{i=1}^{n}|R_i-G_i| \tag{1.3}$$

(4)平均偏差(MB)：

$$\mathrm{MB}=\frac{1}{n}\sum_{i=1}^{n}(R_i-G_i) \tag{1.4}$$

(5)相关系数(CC)：

$$CC = \frac{\mathrm{cov}(R_i, G_i)}{\sigma_{R_i}\sigma_{G_i}} \tag{1.5}$$

(6)均方误差(MSE)：

$$MSE = \frac{1}{n}\sum_{i=1}^{n}(R_i - G_i)^2 \tag{1.6}$$

(7)TS 评分：Schaefer(1990)提出了 TS 评分或临界成功指数 CSI，规定 24 h 降水量 0.1～9.9 mm 为小雨，10.0～24.9 mm 为中雨，25.0～49.9 mm 为大雨，50.0～99.9 mm 为暴雨，≥100.0 mm 为大暴雨。将 24 h、36 h、48 h 预报和相应实况的不同情况分类统计，得到下列预报检验统计量。

预报准确率 TS 评分：

$$TS = \frac{NA}{NA + NB + NC} \tag{1.7}$$

式中，NA 为预报有降水的正确次数，NB 为空报次数，NC 为漏报次数。TS 评分表示预报正确的站点数占所有发生降水站点数的百分比，TS 值越大，说明模式降水预报能力越强。

(8)空报率(False Alarm Ratio，FAR)计算方式如下：

每天每时次的空报率计算公式为：

$$FAR = \frac{NB}{NA + NB} \tag{1.8}$$

指定时次指定时间段内的空报率计算公式为：

$$FAR = \frac{\sum NB}{\sum NA + \sum NB} \tag{1.9}$$

空报率取值范围为 0～1，评分为 0 时预报效果最佳。衡量的是预报将发生的事件中有多少比例在实况中并没有发生。

(9)漏报率(Missing Ratio，MR)计算方式如下：

每天每时次的漏报率计算公式为：

$$MR = \frac{NC}{NA + NC} \tag{1.10}$$

指定时次指定时间段内的漏报率计算公式为：

$$MR = \frac{\sum NC}{\sum NA + \sum NC} \tag{1.11}$$

漏报率取值范围为 0～1，评分为 0 时预报效果最佳。衡量的在实况中发生的事件有多少比例没有被预报出来。

(10)（量级）准确率检验：全国分钟降水观测资料缺失非常严重，最主要的问题是晴雨观测，基本是有降水才上传，没有降水即降水量为 0 的记录非常少，这给检验中的晴雨检验带来困难。目前采用量级准确率检验方法（图 1.6）。首先将预报的降水量级与实况的降水量级进行划分，然后定义量级准确率为图中对角线内所有样本数目除以整个表格的总和。目前用量级准确率作为主要的检验方法，以下为了方便制图和制表，将量级准确率简称为准确率。

雷达最佳观测区域，不加入敏感度

	小雨	中雨	大雨	暴雨	小计
小雨	5	4	1	0	10
中雨	5	14	40	1	60
大雨	1	15	100	24	140
暴雨	1	0	24	154	179
小计	12	33	165	179	0

准确率 $\frac{273}{389}\times 100\%=70.2\%$

服务评分

$$\frac{100\times 273+60\times 112+40\times 3+20\times 1}{273+112+3+1}=87.8\text{分}$$

(a) 服务评分计算(不加入敏感度)

雷达最佳观测区域，引入敏感度 sensitivity=0.8

	小雨	中雨	大雨	暴雨	小计
小雨	6	2	0	0	8
中雨	5	20	19	1	45
大雨	1	10	133	11	155
暴雨	1	0	14	166	181
小计	13	32	166	178	389

准确率 $\frac{325}{389}\times 100\%=83.5\%$

服务评分

$$\frac{100\times 325+60\times 61+40\times 2+20\times 1}{325+61+2+1}=93.2\text{分}$$

(b) 服务评分计算(引入敏感度)

图 1.6　量级准确率检验与服务评分检验（评分取一位小数）

服务评分的计算方式如下：当预报量级与实况量级相符时，权重为 100；当差 1 个量级时，定义权重为 60，当差 2 个量级时，定义权重为 40；当差 3 个量级时，定义权重为 20，样本数目乘以权重，求和后，再除以总样本数目，即为服务评分。

（11）分钟降水等级划分：根据 24 h 约定俗成的各降水等级（10 mm、25 mm、50 mm、100 mm 和 200 mm），划分的概率位为 0.70、0.88、0.96、0.995 和 0.9995。以此概率为基础，推算出其他时段降水等级。通过概率匹配法，对 5 min、10 min、30 min 和 1 h 的降水标准进行计算，用来划分这些预报时段内的小雨、中雨、大雨和暴雨等级。

1.4.2　全国性检验

为了便于检验对比，将未来 0～2 h 的时间划分为 4 个时间段（表 1.1）。分别将 4 个时间段内雷达外推降水进行累加，并将雨量计观测的分钟降水资料也进行累加，之后进行检验。对于每次降水外推，在 5 min 间隔步长情况下，2 h 时长，共有 24 次外推。按 0～3 min，30～60 min，60～90 min，90～120 min 进行分段。每个分段内，采集所有 5 min 间隔步长情况下的降水外推，从分钟观测中读取与降水外推一致的降水数据。

表 1.1　雷达降水外推时段划分　　单位：min

时段	子时段 1	子时段 2	子时段 3	子时段 4	子时段 5	子时段 6
0～30	5	10	15	20	25	30
30～60	35	40	45	50	55	60
60～90	65	70	75	80	85	90
90～120	95	100	105	110	115	120

实时获取全国近 4 万个分钟降水观测站的资料，对全国实时雷达降水外推拼图进行检验，结果见图 1.7 和表 1.2。

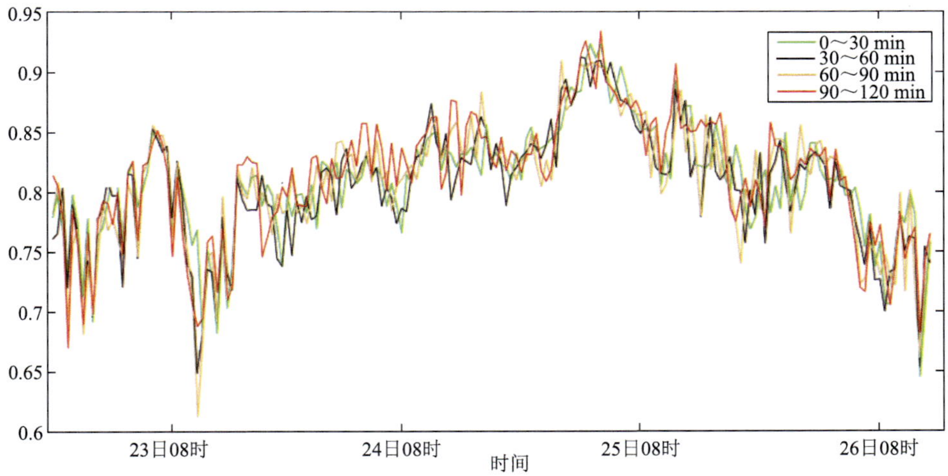

图 1.7 2016 年 4 月 23—28 日全国实时雷达降水外推拼图准确率

表 1.2 2016 年 4 月 22 日 20 时—6 月 26 日 12 时全国雷达降水外推拼图实时准确率

序号	时刻	0~30 min	30~60 min	60~90 min	90~120 min
0	20160422200000	0.779	0.761	0.783	0.815
1	20160422203000	0.799	0.766	0.809	0.805
2	20160422210000	0.768	0.805	0.792	0.777
3	20160422213000	0.730	0.721	0.693	0.670
4	20160422220000	0.799	0.791	0.757	0.787
5	20160422223000	0.775	0.768	0.770	0.756
6	20160422230000	0.713	0.685	0.681	0.690
7	20160422233000	0.779	0.744	0.740	0.767
8	20160423000000	0.692	0.696	0.697	0.699
9	20160423003000	0.764	0.778	0.746	0.776
10	20160423010000	0.771	0.786	0.793	0.793
11	20160423013000	0.792	0.810	0.769	0.791
12	20160423020000	0.814	0.798	0.778	0.773
13	20160423023000	0.807	0.798	0.762	0.801
14	20160423030000	0.758	0.721	0.747	0.749
15	20160423033000	0.814	0.816	0.807	0.818
16	20160423040000	0.825	0.815	0.796	0.827
17	20160423043000	0.788	0.745	0.747	0.760
18	20160423050000	0.802	0.816	0.816	0.823
19	20160423053000	0.818	0.827	0.826	0.825
20	20160423060000	0.850	0.854	0.857	0.842
21	20160423063000	0.845	0.846	0.848	0.852

续表

序号	时刻	0～30 min	30～60 min	60～90 min	90～120 min
22	20160423070000	0.838	0.834	0.848	0.839
23	20160423073000	0.818	0.839	0.833	0.817
24	20160423080000	0.767	0.779	0.762	0.747
25	20160423083000	0.823	0.827	0.826	0.813
26	20160423090000	0.803	0.799	0.775	0.764
27	20160423093000	0.783	0.740	0.749	0.730
28	20160423100000	0.756	0.730	0.716	0.706
29	20160423103000	0.769	0.649	0.613	0.688
30	20160423110000	0.683	0.683	0.678	0.695
31	20160423113000	0.753	0.736	0.746	0.759
32	20160423120000	0.729	0.734	0.750	0.764
33	20160423123000	0.682	0.691	0.692	0.716
34	20160423130000	0.768	0.780	0.797	0.770
35	20160423133000	0.703	0.733	0.724	0.710
36	20160423140000	0.737	0.719	0.720	0.723
37	20160423143000	0.814	0.813	0.822	0.824
38	20160423150000	0.806	0.795	0.799	0.823
39	20160423153000	0.798	0.785	0.795	0.830
40	20160423160000	0.813	0.786	0.821	0.826
41	20160423163000	0.814	0.786	0.793	0.825
42	20160423170000	0.789	0.815	0.800	0.746
43	20160423173000	0.807	0.790	0.790	0.763
44	20160423180000	0.798	0.788	0.765	0.780
45	20160423183000	0.771	0.745	0.799	0.784
46	20160423190000	0.738	0.738	0.783	0.805
47	20160423193000	0.797	0.787	0.786	0.797
48	20160423200000	0.780	0.747	0.815	0.821
49	20160423203000	0.798	0.793	0.783	0.790
50	20160423210000	0.799	0.775	0.790	0.789
51	20160423213000	0.783	0.797	0.774	0.789
52	20160423220000	0.807	0.777	0.793	0.829
53	20160423223000	0.769	0.781	0.823	0.831
54	20160423230000	0.826	0.817	0.803	0.804
55	20160423233000	0.822	0.821	0.819	0.791
56	20160424000000	0.817	0.815	0.792	0.829
57	20160424003000	0.825	0.781	0.842	0.812

续表

序号	时刻	0～30 min	30～60 min	60～90 min	90～120 min
58	20160424010000	0.787	0.827	0.843	0.813
59	20160424013000	0.819	0.837	0.828	0.827
60	20160424020000	0.816	0.804	0.832	0.844
61	20160424023000	0.808	0.810	0.809	0.822
62	20160424030000	0.813	0.824	0.820	0.858
63	20160424033000	0.832	0.831	0.835	0.858
64	20160424040000	0.812	0.812	0.809	0.815
65	20160424043000	0.821	0.821	0.844	0.857
66	20160424050000	0.813	0.789	0.810	0.838
67	20160424053000	0.788	0.804	0.818	0.802
68	20160424060000	0.808	0.796	0.784	0.842
69	20160424063000	0.789	0.774	0.806	0.806
70	20160424070000	0.766	0.787	0.811	0.838
71	20160424073000	0.815	0.784	0.818	0.824
72	20160424080000	0.808	0.816	0.823	0.808
73	20160424083000	0.836	0.830	0.811	0.839
74	20160424090000	0.822	0.833	0.841	0.846
75	20160424093000	0.844	0.852	0.830	0.850
76	20160424100000	0.848	0.875	0.853	0.863
77	20160424103000	0.851	0.842	0.862	0.864
78	20160424110000	0.818	0.829	0.828	0.803
79	20160424113000	0.835	0.849	0.840	0.817
80	20160424120000	0.832	0.793	0.852	0.877
81	20160424123000	0.821	0.813	0.859	0.876
82	20160424130000	0.832	0.829	0.835	0.798
83	20160424133000	0.831	0.826	0.833	0.856
84	20160424140000	0.838	0.823	0.865	0.868
85	20160424143000	0.827	0.847	0.827	0.865
86	20160424150000	0.814	0.863	0.884	0.846
87	20160424153000	0.857	0.851	0.848	0.847
88	20160424160000	0.828	0.819	0.831	0.829
89	20160424163000	0.833	0.841	0.821	0.821
90	20160424170000	0.824	0.825	0.837	0.846
91	20160424173000	0.820	0.789	0.827	0.818
92	20160424180000	0.809	0.814	0.824	0.835
93	20160424183000	0.833	0.821	0.810	0.831

续表

序号	时刻	0～30 min	30～60 min	60～90 min	90～120 min
94	20160424190000	0.810	0.829	0.828	0.817
95	20160424193000	0.845	0.834	0.826	0.832
96	20160424200000	0.855	0.841	0.849	0.832
97	20160424203000	0.834	0.838	0.822	0.849
98	20160424210000	0.837	0.829	0.805	0.818
99	20160424213000	0.840	0.839	0.827	0.809
100	20160424220000	0.845	0.862	0.810	0.819
101	20160424223000	0.848	0.821	0.851	0.858
102	20160424230000	0.854	0.885	0.910	0.875
103	20160424233000	0.877	0.895	0.868	0.888
104	20160425000000	0.888	0.872	0.874	0.874
105	20160425003000	0.883	0.883	0.888	0.887
106	20160425010000	0.884	0.913	0.907	0.915
107	20160425013000	0.909	0.912	0.903	0.927
108	20160425020000	0.924	0.888	0.908	0.908
109	20160425023000	0.912	0.909	0.907	0.886
110	20160425030000	0.924	0.910	0.905	0.935
111	20160425033000	0.902	0.894	0.902	0.893
112	20160425040000	0.874	0.909	0.887	0.888
113	20160425043000	0.886	0.891	0.880	0.883
114	20160425050000	0.905	0.877	0.863	0.871
115	20160425053000	0.890	0.876	0.875	0.879
116	20160425060000	0.869	0.871	0.883	0.870
117	20160425063000	0.866	0.855	0.866	0.877
118	20160425070000	0.853	0.849	0.864	0.867
119	20160425073000	0.853	0.860	0.868	0.830
120	20160425080000	0.851	0.846	0.811	0.857
121	20160425083000	0.855	0.821	0.853	0.863
122	20160425090000	0.806	0.816	0.798	0.816
123	20160425093000	0.833	0.815	0.807	0.850
124	20160425100000	0.810	0.817	0.828	0.864
125	20160425103000	0.893	0.887	0.863	0.908
126	20160425110000	0.858	0.859	0.886	0.853
127	20160425113000	0.871	0.877	0.833	0.857
128	20160425120000	0.872	0.812	0.863	0.851
129	20160425123000	0.823	0.830	0.831	0.852

续表

序号	时刻	0～30 min	30～60 min	60～90 min	90～120 min
130	20160425130000	0.822	0.779	0.780	0.861
131	20160425133000	0.820	0.827	0.865	0.855
132	20160425140000	0.825	0.863	0.819	0.859
133	20160425143000	0.857	0.817	0.845	0.857
134	20160425150000	0.840	0.810	0.813	0.867
135	20160425153000	0.812	0.816	0.856	0.832
136	20160425160000	0.802	0.830	0.800	0.788
137	20160425163000	0.839	0.802	0.775	0.776
138	20160425170000	0.822	0.801	0.740	0.796
139	20160425173000	0.787	0.757	0.803	0.812
140	20160425180000	0.769	0.802	0.788	0.788
141	20160425183000	0.779	0.781	0.835	0.810
142	20160425190000	0.807	0.833	0.787	0.797
143	20160425193000	0.819	0.757	0.783	0.770
144	20160425200000	0.783	0.816	0.827	0.859
145	20160425203000	0.805	0.826	0.844	0.839
146	20160425210000	0.786	0.844	0.845	0.839
147	20160425213000	0.850	0.811	0.840	0.833
148	20160425220000	0.792	0.784	0.765	0.811
149	20160425223000	0.813	0.803	0.817	0.816
150	20160425230000	0.785	0.824	0.856	0.828
151	20160425233000	0.801	0.819	0.825	0.823
152	20160426000000	0.841	0.829	0.814	0.837
153	20160426003000	0.841	0.834	0.839	0.831
154	20160426010000	0.818	0.829	0.843	0.830
155	20160426013000	0.810	0.823	0.822	0.837
156	20160426020000	0.811	0.786	0.830	0.795
157	20160426023000	0.809	0.828	0.827	0.836
158	20160426030000	0.818	0.805	0.822	0.810
159	20160426033000	0.797	0.803	0.806	0.813
160	20160426040000	0.798	0.801	0.796	0.784
161	20160426043000	0.804	0.777	0.774	0.757
162	20160426050000	0.785	0.760	0.724	0.720
163	20160426053000	0.754	0.739	0.728	0.716
164	20160426060000	0.782	0.773	0.758	0.776
165	20160426063000	0.737	0.726	0.748	0.755

续表

序号	时刻	0～30 min	30～60 min	60～90 min	90～120 min
166	20160426070000	0.758	0.727	0.730	0.773
167	20160426073000	0.707	0.700	0.748	0.737
168	20160426080000	0.706	0.733	0.730	0.706
169	20160426083000	0.750	0.735	0.722	0.744
170	20160426090000	0.783	0.784	0.800	0.782
171	20160426093000	0.774	0.751	0.717	0.744
172	20160426100000	0.800	0.763	0.802	0.761
173	20160426103000	0.781	0.761	0.714	0.771
174	20160426110000	0.645	0.653	0.661	0.682
175	20160426113000	0.703	0.755	0.721	0.744
176	20160426120000	0.757	0.741	0.759	0.766

注：时刻一列中数列前 4 位为年，5～6 位为月，7～8 位为日，9～10 位为时，11～12 位为分，13～14 位为秒。

1.4.3 区域性检验

以南京和杭州为例，选取 2014 年 6—7 月的数据进行检验。

1.4.3.1 南京数据集实验验证结果

南京数据集采用了 2014 年距离雷达中心 40～120 km 的数据，CAPPI 数据总计 21 层，时间为 6 月 15 日、16 日、17 日、25 日和 26 日，共使用 550 个自动站的数据，建立了 660000 个 (X,Y) 配对，训练和预测并检验时，将数据进行了按站点随机打乱，即 150 个站的数据用于训练模型，350 个站的数据用于检验。检验结果如图 1.8 和表 1.3 所示。

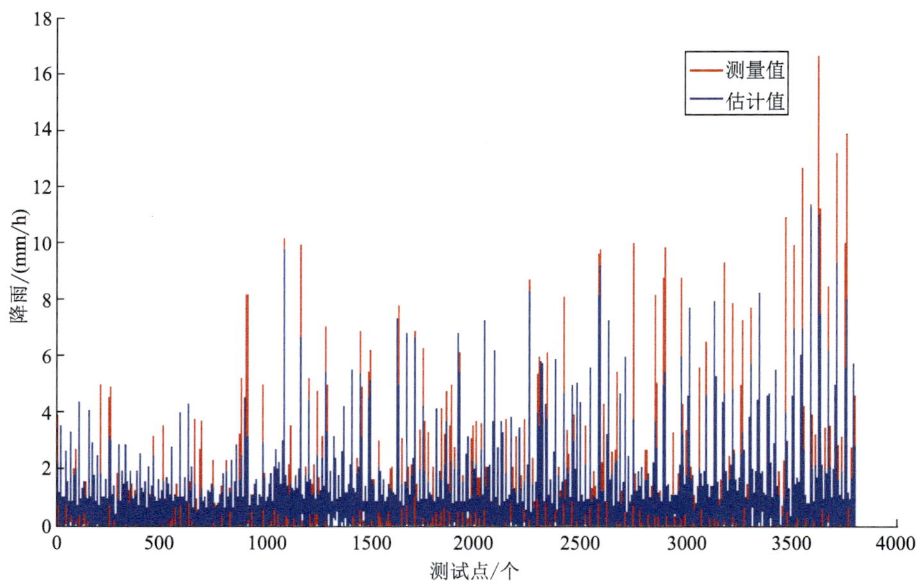

图 1.8 南京数据按小时降水估计检验结果

表 1.3　南京降雨量估计 TS 和 MSE 指标

降雨等级	TS	MSE
小雨	0.65	14.85
中雨	0.56	3.10
大雨	0.49	9.18
暴雨	0.59	67.14
总体	0.575	21.23

从南京的整体检验结果来看，结果较为理想。

1.4.3.2　杭州数据集实验验证结果

杭州数据集采用了 2014 年距离雷达中心 45～100 km 的数据，CAPPI 数据总计 21 层，时间为 6 月 21 日、25 日和 26 日，7 月 12 日、13 日和 15 日，共使用 390 个自动站的数据，建立了 100159 个（X，Y）配对，训练和预测并检验时，将数据进行了按站点随机打乱，即 195 个站的数据用于训练模型，195 个站的数据用于检验。

考虑用经典的 $Z=200R^{1.6}$ 作为基准，将训练的支持向量机算法模型（SVM）与传统方法按选用评价指标进行对比，如表 1.4 所示。

表 1.4　传统 *Z-R* 与 SVM 对比

QPE 产品	BIAS	RMSE	MAE	MB	CC
$Z=200R^{1.6}$	0.592	2.327	1.092	−0.846	0.81
SVM	0.957	1.856	0.943	−0.088	0.85

从结果上可以明显看出，支持向量机算法模型明显改良了传统方法估测偏低的情况，并且在相关性上有了提高，这一点也可以从图 1.9 上看出。

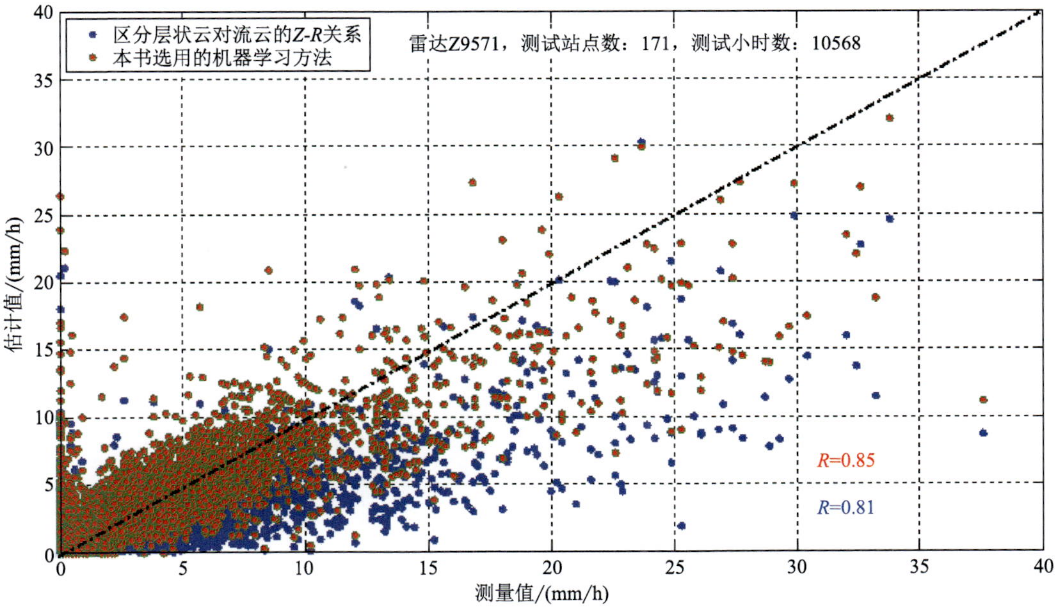

图 1.9　杭州雷达降水估计值与测量值散点图

机器学习训练得到的模型预测效果更逼近真实结果,具有较高的拟合效果,在描述能力上也较高。为了说明这一点,对比国际上同类方法进行了逐小时检验,结果表明,传统 Z-R 关系估计普遍偏低,描述能力差,选用机器学习方法估计与真实雨量值最为接近(图 1.10)。

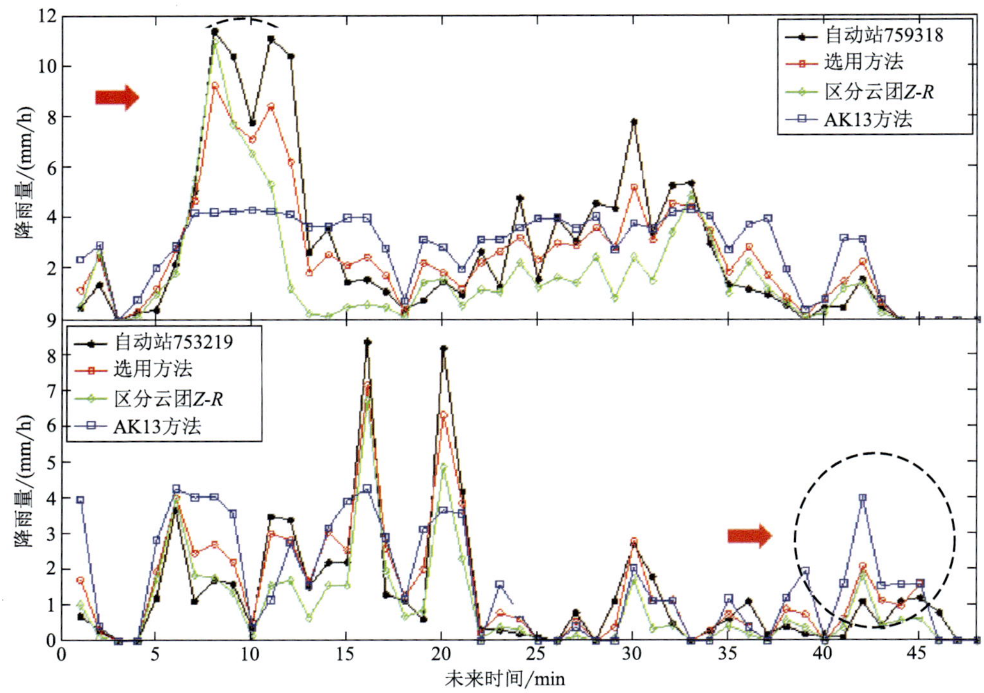

图 1.10 与经典算法效果对比

对 2010—2015 年杭州雷达 Z9571 的 0～2 h 内共 4 个时段多年月均小雨、中雨、大雨和暴雨的总的准确率进行计算(图 1.11)。结果表明,1—5 月和 9—12 月降水总准确率为 0.6～0.8,6—8 月为 0.5～0.6。

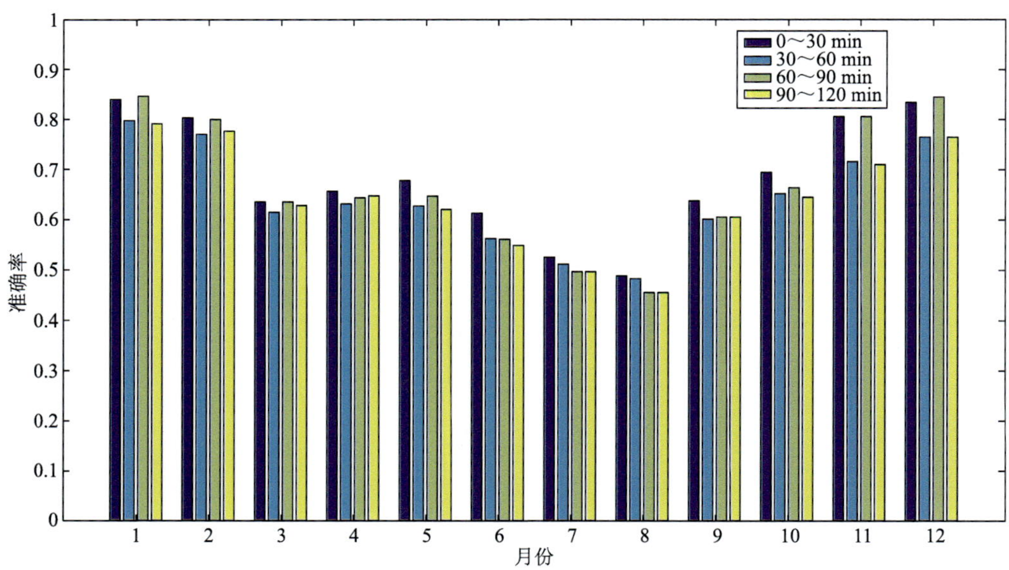

图 1.11 杭州雷达 0～2 h 共 4 个预报时段准确率

对 0～2 h 内共 4 个时段多年月均小雨的准确率进行计算(图 1.12)。结果表明,1—5 月和 9—12 月小雨总准确率为 0.7～0.8,6—8 月为 0.6～0.7。

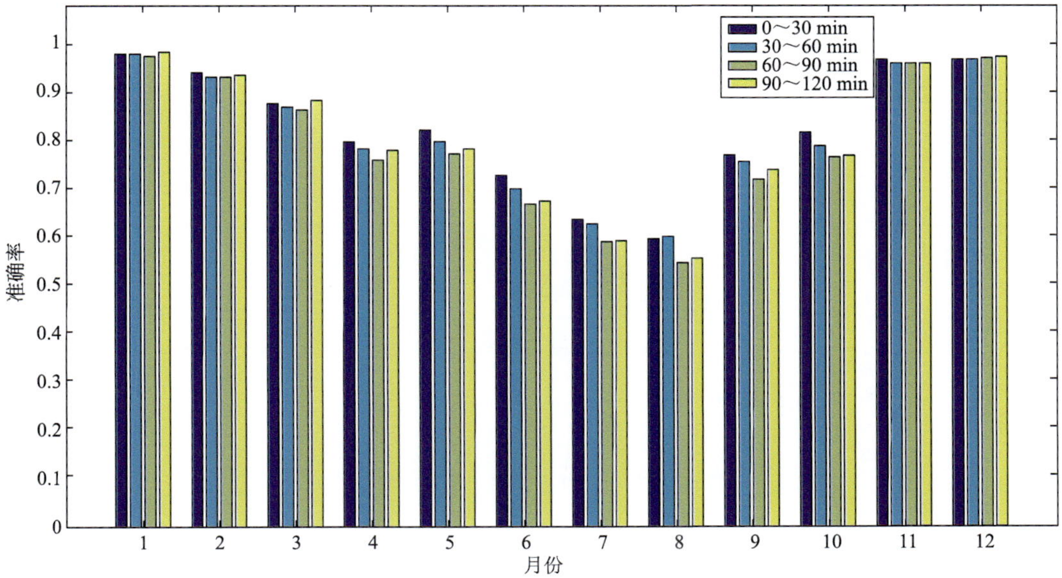

图 1.12　0～2 h 共 4 个预报时段杭州雷达小雨准确率

1.4.3.3　单站雷达实时外推降水检验对比

随机抽取一次强降水天气过程发生区域内的一部雷达(Z9002),对该天气过程发生期间的雷达分钟外推降水进行准确率检验,TS 评分结果如图 1.13 所示。

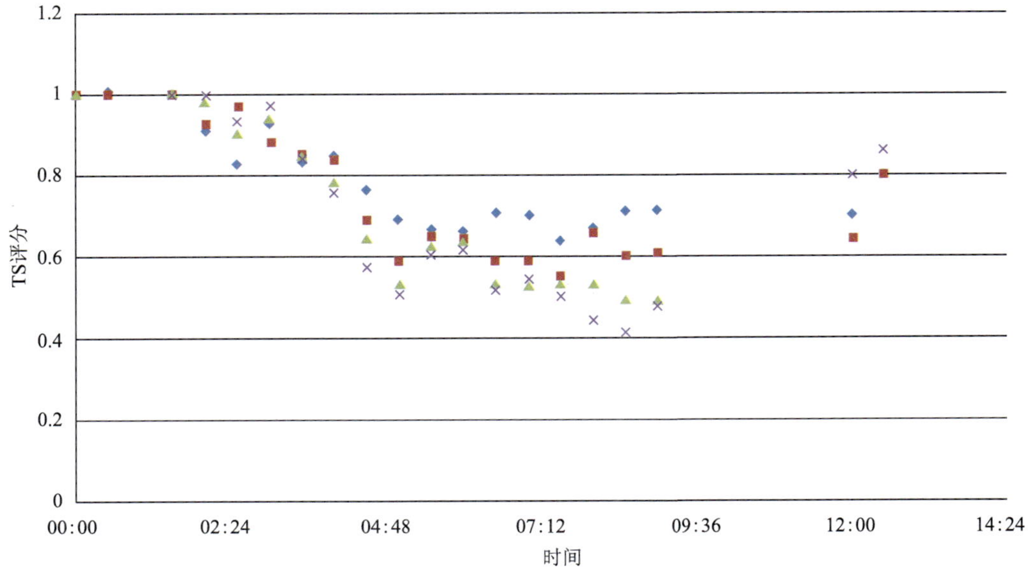

图 1.13　Z9002 雷达 2016 年 4 月 26 日分钟降水外推 TS 评分

◆为 0～30 min,■为 30～60 min,▲为 60～90 min,×为 90～120 min

同时选取本次强降水天气过程发生区域内的杭州雷达做对比(图 1.14)。

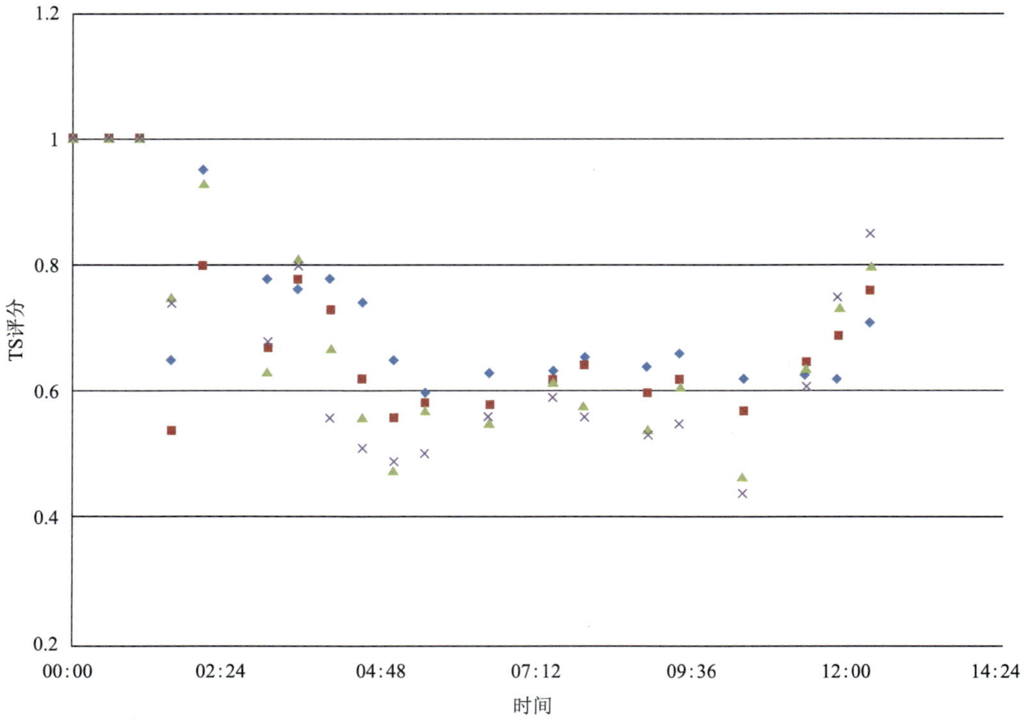

图 1.14　Z9571 雷达 2016 年 4 月 26 日分钟降水外推 TS 评分

◆为 0～30 min，■为 30～60 min，▲为 60～90 min，×为 90～120 min

从两个雷达外推结果看，结果都较为理想。对比两部雷达，对过程的把握也较为一致。

第2章

分钟降水在台风“利奇马”引发地质灾害早期预警的应用研究

地质灾害种类多、分布广、危害大，严重影响人民生命安全和社会发展。降雨引起的泥石流和滑坡是最常见的大规模地质灾害，破坏性极强。中国是世界上地质灾害最严重的国家之一，而浙江省是中国地质灾害多发省。浙江省位于中国东南沿海，其西南部多为海拔 1000 m 以上的山区，中部为丘陵和盆地过渡带。东部和北部为低海拔平原。浙江省地处亚热带季风区，受台风影响，地质条件易发生地质灾害，地质灾害频繁发生，特别是近年来极端降水引发的泥石流、滑坡频繁发生。

超级台风“利奇马”(1909 号)于 2019 年 8 月 3 日由北太平洋西部的一个热带低压发展而来。8 月 10 日 01:45 左右，“利奇马”在浙江省沿海登陆，最大风力达到 52 m/s，然后于 8 月 11 日 12:00 越过浙江省和江苏省，进入黄海；8 月 11 日 20:50 左右，“利奇马”再次登陆山东省，中心附近风力最大(23 m/s)，然后进入渤海并继续减弱。从 8 月 10 日 01:45 至 22:00 左右，“利奇马”在浙江省维持了 20 多个小时。在利奇马登陆期间，浙江省发生了严重的风暴潮和海水泛滥，一些城乡地区发生了内涝，一些房屋倒塌，大量基础设施受损，许多地方发生了泥石流和滑坡等次生灾害，这些灾害对浙江省造成了非常严重的影响。“利奇马”在中国造成至少 515.3 亿元人民币的经济损失和 56 人死亡。

2.1 数据和资料的收集整理

研究收集了 2019 年 8 月 10—12 日“利奇马”台风影响浙江省期间的全部地质灾害灾情数据(图 2.1)，经查重去伪等质量控制后，得到具有确切到分钟并具有经纬度位置的灾情数据 145 条记录。数据主要有：浙江省范围地质灾害发生期间的 5 min 间隔实况降水；地质灾害发生信息，包括时间、经度和纬度，其中地质灾害发生的时间精确到分钟(表 2.1)；台风发生期间浙江省所有天气雷达观测数据。台风地质灾害灾情数据来源于自然资源部中国地质环境监测院。

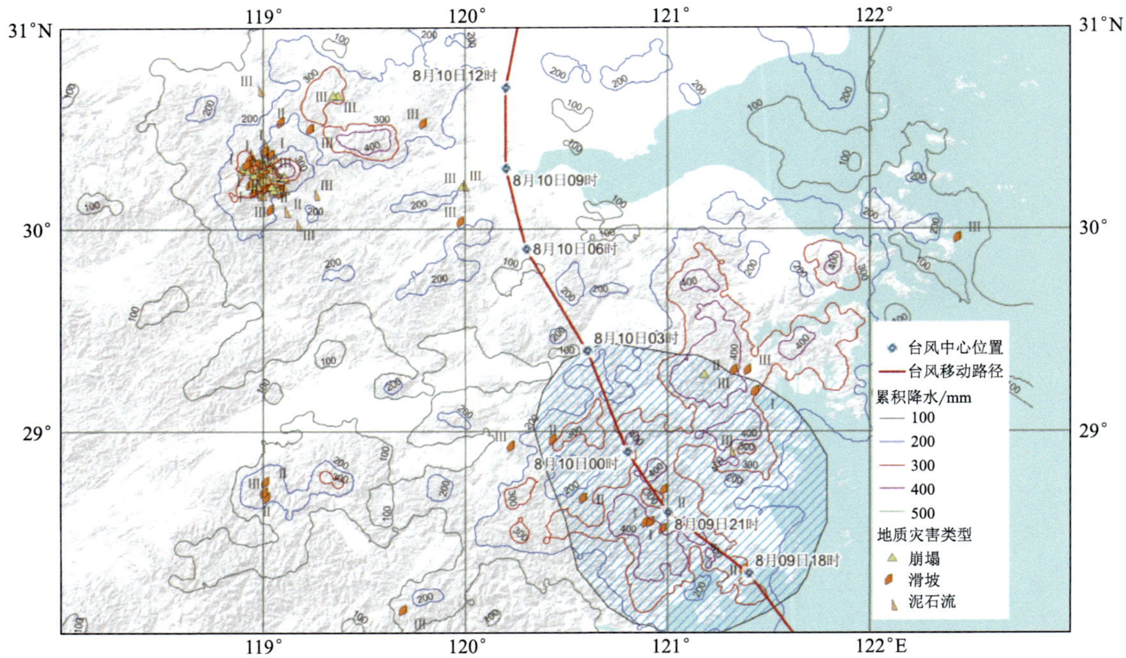

图 2.1 “利奇马”台风降水和地质灾害分布

表 2.1 地质灾害发生时间信息表

发生日期(年-月-日)	发生时间	省	市	区
2019-08-10	11 时 10 分	浙江	衢州	衢江
2019-08-10	02 时 06 分	浙江	台州	黄岩
2019-08-10	02 时 02 分	浙江	台州	黄岩
2019-08-10	02 时 01 分	浙江	台州	黄岩

观测的分钟级降水数据、逐小时气象数据和土壤数据来自中国气象局(CMA)数据中心网站(http://data.cma.cn/)。逐小时土壤数据包括土壤温度数据和土壤水分数据。通过删除任何异常值(如负值和不合理的大值)、识别缺失值并通过插值填充间隙来控制数据质量。

基于完全覆盖台风“利奇马”影响浙江期间(2019 年 8 月 7 日 00:00:00—2019 年 8 月 12 日 23:55:00)的分钟级降水得出的降水量变量包括:①降雨强度,即单位时间内的降水量;②有效前期降水量,即泥石流或滑坡发生之前,灾害现场的累积降水量;③当前小时降水量,即泥石流或滑坡发生时,灾害现场的小时降水量;④1 h 和 3 h 内的最大累积降水量,即台风“利奇马”影响期间受灾地点 1 h 和 3 h 的最大累积降水量;⑤区域平均累积降水量(acc_PRE),即台风“利奇马”期间浙江每小时平均降水量的累积值。

对于土壤数据和其他气象数据,变量通过各站每小时的相应数据获得,包括过去 1 h 的降水量(pre_1 h)、气压(PRS)、水汽压(VAP)、气温(TEM)、地表温度(GST),不同土壤深度下的土壤温度(5 cm、10 cm、15 cm、20 cm、40 cm、80 cm、160 cm 和 320 cm 深度;分别为 GST_5 cm、GST_10 cm、GST_15 cm、GST_20 cm、GST_40 cm、GST_80 cm、GST_160 cm、GST_

320 cm)、露点温度(DPT)、空气相对湿度(RHU),以及不同土壤深度(10 cm、20 cm、30 cm、40 cm、50 cm、60 cm、80 cm、100 cm)下的土壤体积含水量(SVWC)。

2.2 地质灾害与分钟级降水的尺度特征分析

2.2.1 研究方法

2.2.1.1 地质灾害降水时间序列提取及归一化

基于浙江省及其周边 4906 个气象观测站所观测的每 5 min 降水量,利用反距离加权方法插值成 1 km×1 km 分辨率的格点降水,时间分辨率为 5 min。根据地质灾害发生的经纬度和精确到分钟的时间,提取灾害发生前 24 h 和灾害发生后 12 h 共计 36 h 的降水时间序列。具有精确发生时间和位置的地质灾害点有 145 个,最后得到一个降水时序数组 $X_{145\times 432}$。

2.2.1.2 降水时间序列数据的小波变换

小波变换作为傅里叶变换分析的发展,继承和发展了短时傅里叶变换局部化的思想,同时又克服了窗口大小不随频率变化等缺点,能够提供一个随频率改变的“时间-频率”窗口。气温、气压、相对湿度等气象要素的变化具有季节和日变化的周期性,但降水作为离散甚至随机的过程事件,可以利用小波变换来进行时频分析和处理。

对于每个地质灾害点,灾害发生前 24 h 和灾害发生后 12 h 共计 36 h 的降水时间序列数据 R_i,$i=1,2,3,\cdots,432$,则有针对此 5 min 间隔降水时间序列数据 $R(t)$有以下小波变换:

$$\mathrm{CWT}(m,n)=a_0^{-\frac{m}{2}}\cdot\sum_{i=1}^{432}R_i\varphi(a_0^{-m}.i-nb_0) \tag{2.1}$$

式中,a_0、b_0、m 和 n 为小波变换参数。且有 $a_0>1$、$b_0\neq 0$、$m\in Z$ 和 $n\in Z$。a_0^m 和 b_0 分别为小波变换的尺度系数和平移系数。

为了简化运算,采取 Symlet 小波函数的参数设置,上式中取 $a_0=2$、$b_0=1$。每次小波分解会分别得出低频和高频分量输出,取小波分解的次数为 5 次,共计得到 5 组低频分量:D_1、D_2、D_3、D_4 和 D_5,同时得到 5 组高频分量:G_1、G_2、G_3、G_4 和 G_5。

小波变换输出低频分量,代表了诱发地质灾害降水的宏观尺度,而高频分量则代表了降水的局部变化细节。利用以下公式来计算不同降水尺度的组合输出:

$$R_n=D_5+\sum_{i=5}^{5-n}G_i \tag{2.2}$$

式中,令 $R_0=D_5$,R_n 为向真实降水逼近的降水值,D_5 为 R 经过小波变换输出最后一级低频输出,G_i 为小波变换输出的第 i 级高频分量,当 $n=5$ 时,R_5 与真实降水相等。

降水时序数据 $X_{145\times 432}$ 经过小波变换后,生成 $D_{1\sim5}$ 和 $G_{1\sim5}$,其中 D_i 和 G_i 均为 145×432 的数组。“利奇马”台风降水引发某一台风滑坡的降水小波变换结果见图 2.2,图中黑线为实况降水,红线为 $R_0=D_5$,绿线为 $R_1=D_5+G_5$,蓝线为 $R_2=D_5+G_5+G_4$,灰线为 $R_4=D_5+G_5+G_4+G_3+G_2$;红色竖线表示灾害发生的具体时间,黑色虚线为灾害发生前后 1 h 间隔的时间,当 n 越接近于 5 时,得出的降水 R_n 越接近于真实降水(图 2.2)。

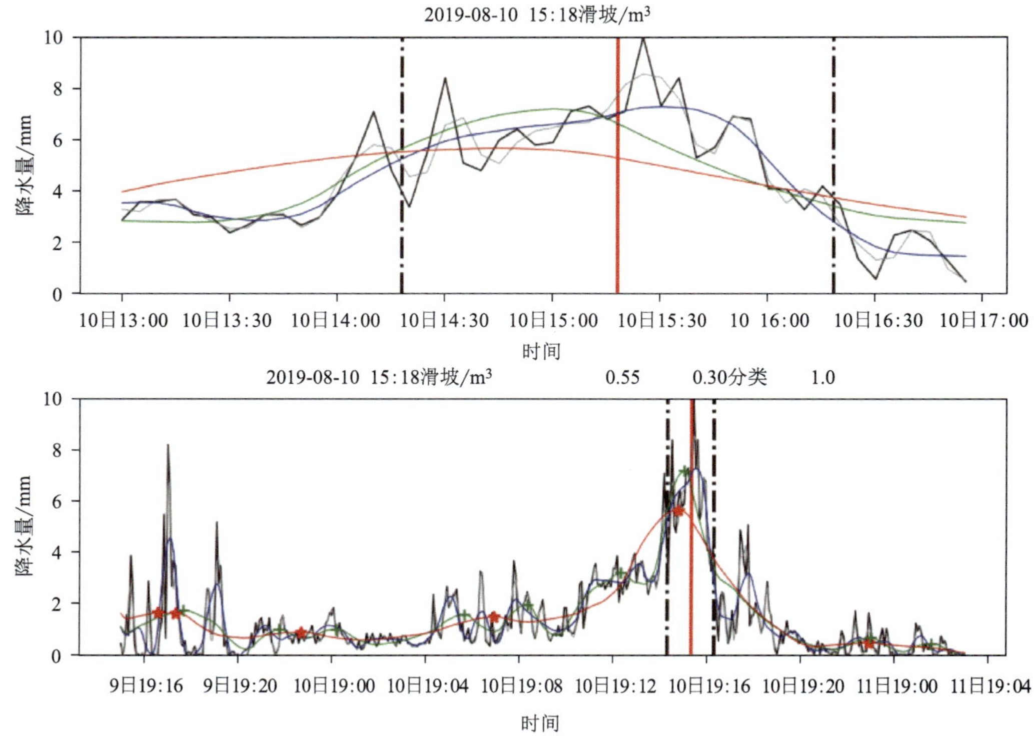

图 2.2 降水量时间序列及小波变换结果

黑线为实况降水，红线为 R_0，绿线为 R_1，蓝线为 R_2，灰线为 R_4；红色竖线表示灾害发生的具体时间，黑色虚线为灾害发生前后 1 h 间隔的时间

2.2.1.3 降水时间序列数据的无监督分类

(1)基于主成分分析的数据降维

主成分分析(PCA)可以在降低数据维度的同时保留数据的大部分信息。一个地质灾害点分钟级降水时间序列的长度是 432 个记录，通过主成分分析可以降低数据的维度，将 432 降低至有限的长度。具体降低到多少维，在本节中采用遍历的方法，即维度值 m 介于 2～432，当 m 为 432 时，相当于不对数据进行主成分分析。经过 PCA 变换后，将小波变换输出的 R_n 的维度由原来的 145×432 降低到 145×m，生成数组 $P_{145\times m}$。

(2)无监督分类

将经过主成分变换后的数据 $P_{145\times m}$ 作为样本数据，分别采用 K-Means、Spectral、Agglomerative、Gaussian-mixtures 和 BIRCH 方法进行无监督分类，设类型的个数为 3 个，用 0、1 和 2 来表示不同的类型。考虑到不同的分类器具有不同的优势，经过上述 5 种方法进行分类后，每个地质灾害点降水时间序列会得到 5 种方法分出的结果，就有了一个新的结果 $C_{145\times 5m}$。再利用 Gaussian-mixtures 方法针对 $C_{145\times 5m}$ 再次进行无监督分类。在利用 Gaussian-mixtures 进行无监督分类时，会得到一个评分，评分越高说明分类越可靠。调整 PCA 分类的输出维度值 m，使其介于 2～432 之间，会得到 432 个评分。这里取评分最大值的 m 作为最终的 PCA 分析的输出维度 m。

(3)分类检验

采用准确率指标对分类结果进行评分，见公式：

$$f(y,\hat{y})=\frac{1}{n}\sum_{i=0}^{n-1}1(\hat{y}=y) \tag{2.3}$$

式中，n 为样本数目，y 为实际值，$\hat{y}$ 为估计值，$1(\hat{y}=y)$ 为指示函数，当分类值与实际值相等时为 1，表示分类正确，否则为 0。

2.2.2 结果

2.2.2.1 地质灾害发生前后降水时间序列的分类

将所有地质灾害的降水时序数组 $X_{145\times432}$ 进行变换，之后分别计算 $R_0=D_5$、$R_1=D_5+G_5$、$R_3=D_5+G_5+G_4+G_3$、$R_5=D_5+G_5+G_4+G_3+G_2+G_1$。将 R_1 作为输入，先利用 PCA 进行数据降维，降低后的维度 m 介于 2～432。依次取不同的维度，采用 K-Means、Spectral、Agglomerative、Gaussian-mixtures 和 BIRCH 方法进行无监督分类，分类的结果为 $C_{146\times5}$，再利用 Gaussian-mixtures 对 $C_{146\times5}$ 进行分类，得到分类结果 C_{Tm} 和评分 S_m。依据 S_m 中的最大值所对应的 m 作为主成分分析的最佳维度，此时的 C_{Tm} 即为最佳的无监督分类结果。设定输出分类类型的数目为 3。

图 2.3a—d 分别为 R_0、R_1、R_3 和 R_5 的时间序列结果，将 3 种类型各自对应的结果分开显示，红色竖线表示灾害发生的具体时间，蓝色曲线为 75％分位数的结果。从图 2.3a 可以看出，R_0 为小波变换低频部分最后一层输出 D_5，在全部的 145 个样本中均在地质灾害发生的前后存在一个显著的波峰 F_1，F_1 所在时刻之前的 5 h 左右 R_0 单调增加，之后 5 h 左右单调递减。图中第Ⅰ种降水类型表现为在地质灾害发生时刻之后存在降水最大峰，第Ⅱ种降水类型表现为降水最大峰就位于地质灾害发生时刻的附近，第Ⅲ种类型表现为降水最大峰出现于地质灾害发生时刻之前(表 2.2)。

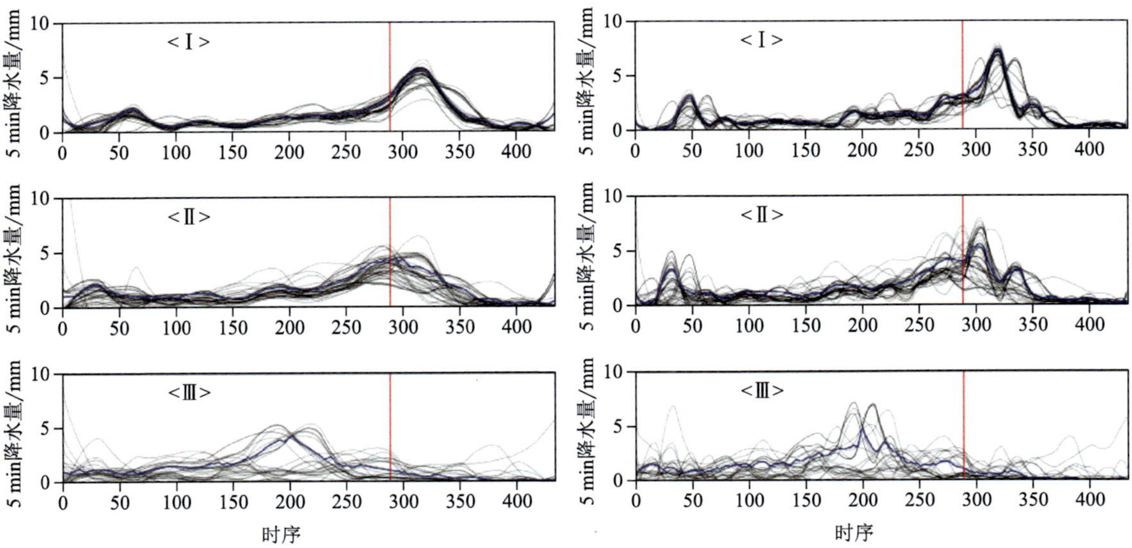

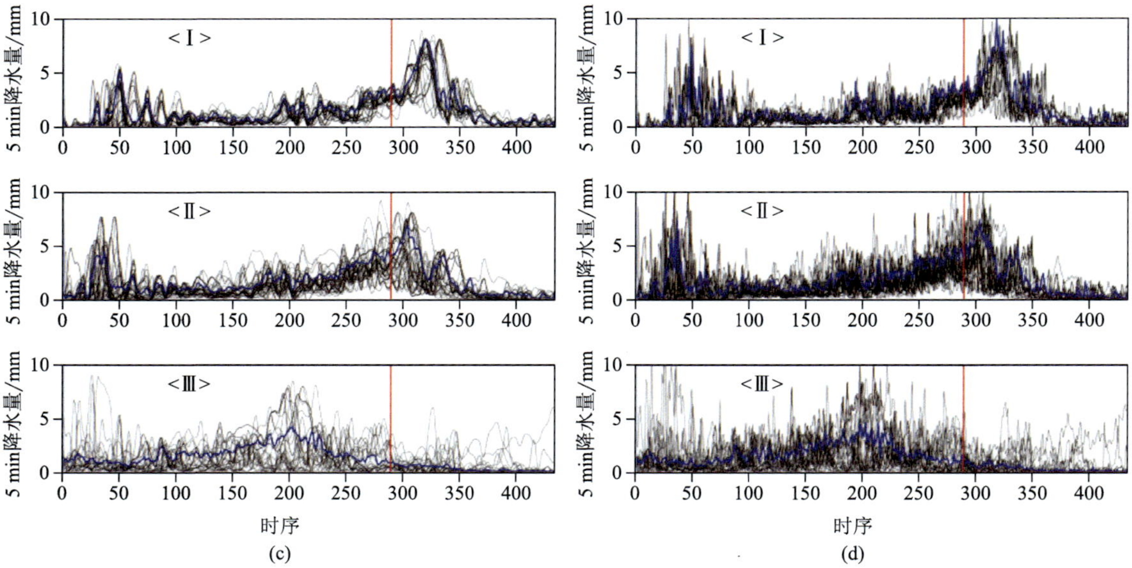

图 2.3　分钟降水小波变换结果及 75%分位数分布

表 2.2　“利奇马”台风降水特征

编号	类型	分钟降水序列数据的特征	地质灾害数目/个	比率/%
Ⅰ	提前型	地质灾害发生在降水最大峰值之前，处于最大峰值之前的局部降水峰值附近	50	34.5
Ⅱ	即发型	地质灾害发生在降水最大峰值附近	56	38.6
Ⅲ	滞后型	地质灾害发生在降水最大峰值之后，此时降水已经减弱甚至没有	39	26.9

针对第Ⅰ类型，图 2.3b—d 均显示了在降水最大峰值之前存在一个降水次小峰值，而第Ⅰ类型地质灾害就发生在该峰值附近，第Ⅰ类型的特点是地质灾害提前于降水最大峰值，本书定义为“提前型”。因为发生于降水最大峰值附近，所以定义第Ⅱ类型为“即发型”，第Ⅲ种分类结果的特征是地质灾害发生在降水最大值之后，此时降水已经减弱甚至没有，所以定义为“滞后型”。

2.2.2.2　不同输入方案下的分类精度

共计 6 种输入方案：R_0、R_1、R_2、R_3、R_4、R_5，会得出 6 种聚类分析结果。为了验证 6 种方案的精度，针对表 2.2 所列的 3 种地质灾害特征，对 145 个地质灾害点分钟降水的时间序列数据进行人工分类，作为真值。然后分别对 6 种方案的分类结果进行评分(表 2.3)。$R_2=D_5+G_5+G_4$ 作为输入的情况下分类的评分最高，为 95.86%；R_4 和 R_5 的分类精度均为 83.45%，高于 R_0 的 75.17%。R_5 是降水小波变换的逆变换，其值与降水观测值相同。可以看出，小波变换后的结果比原始降水时间序列更适合进行降水特征分类。

表 2.3　地质灾害分钟降水聚类分析评分

方案	小波变换结果组合	Gaussian-mixtures 分类得分	PCA 分析的最优维度 m	分类准确率/%
1	$R_0: D_5$	13.919	28	75.17
2	$R_1: D_5+G_5$	21.238	2	94.48
3	$R_2: D_5+G_5+G_4$	17.781	42	95.86
4	$R_3: D_5+G_5+G_4+G_3$	14.989	4	95.17
5	$R_4: D_5+G_5+G_4+G_3+G_2$	12.751	28	83.45
6	$R_5: D_5+G_5+G_4+G_3+G_2+G_1=R$	12.859	2	83.45

2.2.2.3　不同降水类型的空间分布

将不同的降水特征类型绘制在空间上(图 2.1),图中显示了在台风登陆点附近存在一个Ⅰ型和Ⅱ型相对集中的区域,Ⅲ型则主要分布于该区域以外的区域,表明了在台风登陆点附近地质灾害具有“即雨即发”的特点。

2.2.2.4　崩塌、泥石流和滑坡的降水类型分布

分别统计崩塌、泥石流和滑坡 3 种地质灾害的降水类型频次统计(图 2.4),可以进一步分析不同灾害类型的降水驱动特征。驱动崩塌的降水主要为Ⅰ型和Ⅱ型,即雨强达到降水次大值中心或最大值左右就发生,表明了崩塌灾害与降雨极大值的时间同步性。

对于泥石流灾害,降水主要为Ⅱ型,即泥石流开始于降水最大值之前的次大值左右。东南沿海地质灾害发生区的植被覆盖度接近 100%,受强降水产汇流影响主要以山洪灾害为主。但往往是因为台风强风和强降水引发了浅层滑坡,这些滑坡提供了大量的物源,而随后的降水携带滑坡体的物质后形成泥石流。

对于滑坡灾害,降水主要为Ⅱ型,即滑坡主要发生在降水强度最大值附近。

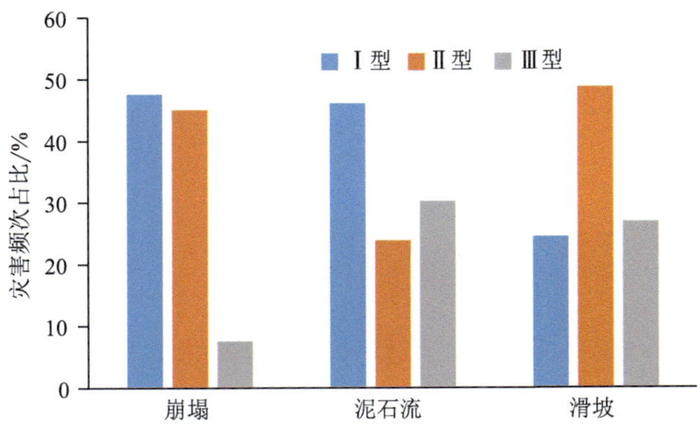

图 2.4　崩塌、泥石流和滑坡的降水类型分布

可以看出,针对崩塌、泥石流和滑坡,分别有 47%、45%和 23%发生在Ⅰ型降水条件下,在该情况下随后的强降水对诱发灾害没有直接作用。

2.2.2.5　降水类型与地质灾害规模的关系

分别统计不同降水特征类型下地质灾害的规模,结果列在表 2.4 中。即发型降水特征类

型所引起的地质灾害主要以泥石土方量小于 1000 m^3 的规模为主，占 81.1%；滞后型降水特征类型主要会引起中型和大型规模的地质灾害，其中大型地质灾害比重占 35.3%，在 3 种降水类型所引发的所有大型地质灾害中，滞后型占 70.6%。提前型降水特征主要引发小型规模灾害，但也引发了 24.1%的中型灾害。

表 2.4　降水特征类型与地质灾害规模的关系

降水类型	地质灾害规模/m^3			比重/%		
	5～1000	1000～10000	≥10000	5～1000	1000～10000	≥10000
提前型	43	14	1	74.1	24.1	1.7
即发型	43	6	4	81.1	11.3	7.5
滞后型	15	7	12	44.1	20.6	35.3

表 2.5 显示了不同地质灾害类型下的灾害规模。所有的崩塌规模都小于 1000 m^3。中型规模地质灾害类型主要为泥石流和滑坡，泥石流占比由图 2.4 可知，提前型的地质灾害主要以泥石流为主，当泥石流占比达到 74.1%，滑坡占比达到 25.9%。对于大型规模地质灾害，泥石流占比达到 64.7%，滑坡占比达到 35.3%。

表 2.5　地质灾害规模与地质灾害类型的关系

地质灾害类型	地质灾害规模/m^3			比重/%		
	1～1000	1000～10000	≥10000	1～1000	1000～10000	≥10000
崩塌	40	0	0	100.0	0.0	0.0
泥石流	32	20	11	50.8	31.7	17.5
滑坡	28	7	6	68.3	17.1	14.6

对于“提前型”泥石流灾害，小型和中型地质灾害分别占 58.6%和 41.4%，中等规模与小型规模的比率仅为 0.7，一定程度上表明了泥石流发生以后再遇到最大峰值降水时，泥石流的规模有一定程度的增大；91.0%的大型泥石流灾害都发生在“滞后型”降水特征类型。总体看，小型泥石流灾害具有提前发生的特点，即在最大峰值降水来临之前即已经发生；而大型泥石流灾害全部具有滞后性，在最大峰值降水来临之后才发生。

对于滑坡灾害，“提前型”和“即发型”降水所引发的小型地质灾害都分别占 70.0%和 80.0%，而“滞后型”降水所引发的中型以上灾害占 54.5%，可以看出，“滞后型”降水主要引发中型至大型规模滑坡。

2.2.2.6　地质灾害发生时间度量误差对有效降水和降水强度计算的影响

分别以地质灾害发生的真实时间、往前推 1 h 的时间和往后延迟 1 h 的时间来作为起始时间计算 24 h 累积降水，分别针对 3 种降水类型，真实时间下的累积降水与推前或延迟情况下的累积降水的分布列在图 2.5 中。

图 2.5a 显示了“提前型”地质灾害 24 h 累积降水（横轴）与推前 1 h 情况下的 24 h 累积降水以及延迟 1 h 情况下的 24 h 累积降水（纵轴）的关系，红点为延迟 1 h，蓝点为推前 1 h，推前的累积降水比正常的累积降水平均减少了 32.8 mm，延迟的累积降水比正常增大了 34.1 mm。图 2.5b 显示了“即发型”的累积降水变化，推前的累积降水比正常的累积降水平均

减少了 40.0 mm，延迟的累积降水比正常增大了 45.6 mm。图 2.5c 则显示了“滞后型”的累积降水变化，推前的累积降水比正常的累积降水平均减少了 11.1 mm，延迟的累积降水比正常增大了 7.9 mm。可以看出，“即发型”和“提前型”地质灾害，当地质灾害的发生时间比真实值早或晚 1 h，累积雨量计算的误差非常明显，而“滞后型”地质灾害累积雨量计算的误差比较小。

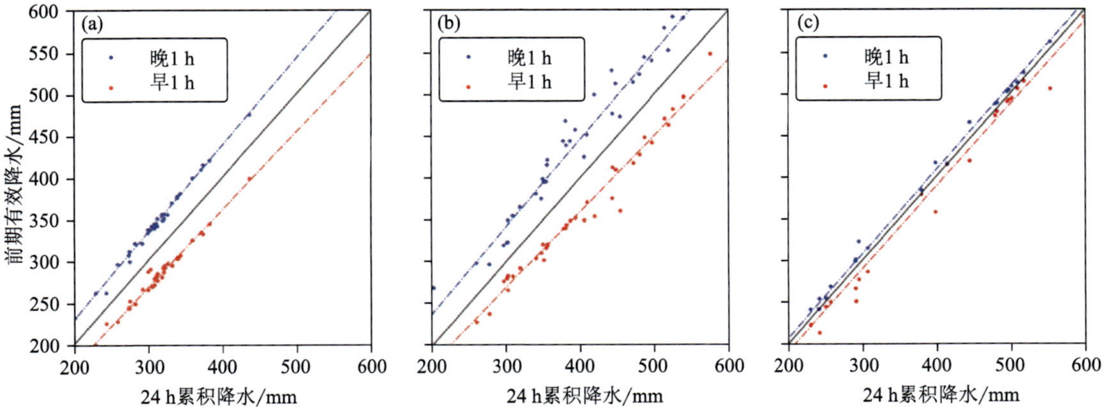

图 2.5 地质灾害发生时间的误差对有效降水的影响

(a)为“提前型”地质灾害 24 h 累积降水（横轴）与推前 1 h 情况下的 24 h 累积降水及延迟 1 h 情况下的 24 h 累积降水（纵轴）的关系；(b)为“即发型”的累积雨量差值；(c)为“滞后型”的累积雨量差值

2.2.3 结论

(1)分钟降水时间序列数据小波变换的低频分量，揭示了在地质灾害发生时间的附近或之前时间存在一个完整的单峰型波，波长为 8 h 左右。低频分量与高频分量 G_5 的和，则显示单峰型波所在时段由 3 个波构成，中间的波代表了降水强度最大值所处的位置。

(2)利用多种无监督分类器的集成对小波变换的分量进行分类，揭示了降水时间序列数据存在 3 种类型：提前型、即发型和滞后型，“提前型”的特征是地质灾害发生在降水最大峰值之前，“即发型”的特征是地质灾害发生在降水最大峰值附近，“滞后型”的特征是地质灾害发生在降水最大值之后，此时降水已经减弱。3 种类型地质灾害所占比例分别为 34.5%、38.6%和 26.9%，说明“滞后型”不是台风地质灾害的唯一特性。

(3)不同小波分量组合情况下，降水类型分类的准确率有较大不同，其中 $D_5+G_5+G_4$ 组合下分类的准确率最高，达到 95.9%，而直接基于降水观测的分类准确率只有 83.5%，表明了小波变换对于降水特征分类具有重要作用。

(4)“提前型”降水特征类型主要引发小规模地质灾害，“滞后型”则主要引发大型地质灾害。大型泥石流灾害的滞后性最明显，滑坡次之。

(5)当地质灾害发生的时间存在推前或滞后 1 h，“提前型”和“即发型”地质灾害 24 h 雨量的计算误差值处于 30～40 mm，表明了精确到分钟的地质灾害时间和降水观测间隔，对精确计算前期有效雨量具有重要作用。

2.3 台风型地质灾害发生与降水关系的阈值

观测和统计数据表明，区域地质灾害的发生存在一个临界降雨阈值(Giannecchini et al.，2012)。降雨阈值是泥石流预测的最重要参数之一(Gariano et al.，2015；Ma et al.，2015)。降雨作为诱发泥石流和滑坡的主要因素，其与大规模灾害的关系研究较少。Li 等(2011)有限的研究发现，滑坡发生的累积频率与降雨量之间存在良好的指数关系，2004—2007 年，浙江省约 80%的滑坡是在累积 1 d 降雨量为 200 mm 时诱发的。根据泥石流位置和降雨分布之间的强相关性，Xu 等(2012)建立了两个预测模型来估计降雨量。Chen 等(2005)分析了区域降雨模式(前期降雨、持续时间、强度和累积降雨)和地质条件对触发泥石流的影响，发现平均降雨强度和持续时间的组合是泥石流监测的更实用的指标。Ma 等(2015)计算了 1990—2013 年浙江省 62 个不同地区滑坡期间的 I-D 阈值(降雨强度-持续时间阈值)。显然，研究泥石流和滑坡的时空特征是理解灾害与降雨关系的第一步，需要一些气象和土壤状况的细节来模拟灾害的发生。本研究的目的有两个：①研究台风引起的泥石流和滑坡发生前后的气象和土壤条件；②调查降雨与泥石流和滑坡之间可能存在的联系，以解释降雨模式与泥石流和滑坡之间的关系。

2.3.1 研究方法

通过对已引起或可能引起地质灾害的历史降雨资料进行统计分析，确定引起地质灾害的降雨阈值，作为实时降雨观测的参考值，预测地质灾害可能发生的时间。这被称为降雨阈值或降雨下限法(崔鹏 等，2003；韦方强 等，2005；Guzzetti et al.，2007)。该方法的核心思想是利用降雨强度、历时和平均降雨量建立地质灾害的临界组合判别。

I-D 阈值(Campbell，1975；Starkel，1979；Caine，1980)广泛用于确定水文和地理领域的临界降雨量(Hadadin，2005；Vyver，2015；张国平 等，2015；Karki et al.，2018；Wang et al.，2020)。I-D 阈值表示为：

$$I = aD^b + c \tag{2.4}$$

式中，I 为降雨开始至地质灾害发生的平均降雨强度(单位：mm/h)；D 为持续时间(单位：h)，指降雨事件或降雨周期的持续时间；a、b 和 c 是通过回归方法计算的常数参数。

除了 I-D 阈值外，还提出了 E-D(累积降雨-持续时间)阈值来对降雨阈值进行分类(Cannon et al.，1985；Joyce et al.，2004；He et al.，2020)。D 为持续时间(单位：h)，E 为该持续时间内的累积降雨量(单位：mm)。E-D 阈值相当于 I-D 阈值，而 E-D 阈值可以避免不必要的转换。

有效前期降水量是估算泥石流、滑坡降雨阈值的重要指标，定义为：

$$R = aR_1 + aR_2 + \cdots + aR_n \tag{2.5}$$

式中，R 为有效前期降水量(单位：mm)；R_n 为泥石流发生前第 n 个时间步的降水量；a 是浙江省梅雨期间的衰减系数，日衰减系数 $a=0.8$(杜惠良 等，2006)。本研究以小时作为有效前期降水研究的时间步长，因此本书采用 $a=1$，即各时间步长之间基本没有降水衰减。

2.3.2 结果

2.3.2.1 灾害发生时的气象和土壤条件

浙江省泥石流发生集中在 2019 年 8 月 10 日 00:00—2019 年 8 月 11 日 00:00，滑坡发生集中在 2019 年 8 月 9 日 21:00—2019 年 8 月 11 日 09:30(图 2.6)。这意味着在“利奇马”登陆之前，暴雨已经造成了泥石流和山体滑坡。登陆后，造成了更多的地质灾害。在“利奇马”影响浙江省的整个过程中(2019 年 8 月 8 日 00:00—2019 年 8 月 11 日 00:00)，浙江省区域平均累积降水量为 0.0～164.5 mm，过去 1 h 的区域平均降水量为 0.0～6.9 mm(图 2.6a)。平均累积降水量的明显上升阶段为 2019 年 8 月 9 日 07:00—2019 年 8 月 10 日 14:00，然后缓慢变化。前 1 h 过程呈单峰曲线。最大前 1 h 出现在 2019 年 8 月 9 日 19:00，这意味着最大降水量出现在“利奇马”登陆之前。在“利奇马”影响浙江省的整个过程中，气压和水汽压力分别为 965.2～987.3 hPa 和 28.9～33.0 hPa(图 2.6b)。气压的变化与台风直接相关，在泥石流和滑坡发生前，气压明显降低，在泥石流和滑坡发生过程中，气压明显升高。泥石流和滑坡发生期间，气压从 965.1 hPa 上升到 979.0 hPa。上述气压变化的原因是台风来临时，气压下降；然后台风登陆，受地面摩擦增大影响风速减小，热源和水汽供应减少，辐合减弱，台风中心空气增加，导致气压升高。与气压不同的是，在泥石流和滑坡发生期间，水汽压力略有增加，然后持续下降，这与水汽与台风正相关有关。

露点温度与气温呈显著负相关($p<0.05$)，在“利奇马”影响浙江省期间(图 2.6c)。露点温度在整个过程中变化不大，变化范围为 22.7～25.1 ℃。气温在 25.0～33.9 ℃范围内变化较大。泥石流和滑坡发生期间，气温低于相邻时段，这可能与台风造成的雨天有关。台风离开浙江后，气温明显增加，随后在 2019 年 8 月 11 日 10:00 左右再次降水，气温再次下降，8 月 12 日再次上升。

除 320 cm 土壤温度外，地表温度和土壤温度的时间特征与气温相似(图 2.6d)。地表温度、5 cm 土壤温度、40 cm 土壤温度、80 cm 土壤温度和 160 cm 土壤温度呈显著正相关($p<0.05$)，在滑坡发生时间(2019 年 8 月 8 日 00:00—2019 年 8 月 11 日 00:00)内使用气温(图 2.7)，相关系数为 0.70～0.89。同时，在泥石流发生期间，40 cm、80 cm 和 160 cm 的土壤温度也与气温显著相关。然而，10 cm 土壤温度、15 cm 土壤温度、20 cm 土壤温度和 320 cm 土壤温度的相关性较差，尤其是 15 cm 土壤温度和 20 cm 土壤温度具有离散点。320 cm 土壤温度对气温不敏感，这可能与深度越深，空气和土壤表面之间的能量交换越少有关。由于与空气的直接能量交换，地面温度随气温的变化尤其明显。80 cm 土壤温度和气温之间存在显著相关性(图 2.7g)。在泥石流发生时间中，地表温度、40 cm 土壤温度、80 cm 土壤温度和 160 cm 土壤温度与气温显著相关。与整个时期和泥石流发生期(2019 年 8 月 10 日 00:00—2019 年 8 月 11 日 00:00)相比，滑坡发生期(2019 年 8 月 9 日 21:00—2019 年 8 月 11 日 09:30)地表温度与土壤温度和气温的拟合关系总体较好。

在空气温度和湿度方面，随着气温的增加，空气相对湿度(RHU)减小，反之亦然。然而，土壤体积含水量不随气温变化(图 2.7d)。从 10 cm 到 50 cm 土层，土壤含水量随深度增加而增加，从 60 cm 到 100 cm 土层，各层间差异不大，土壤体积含水量随深度变化不明显。在台风影响下，各层土壤体积含水量均增加，并在泥石流发生时间内达到最大值。然后，随着台风过

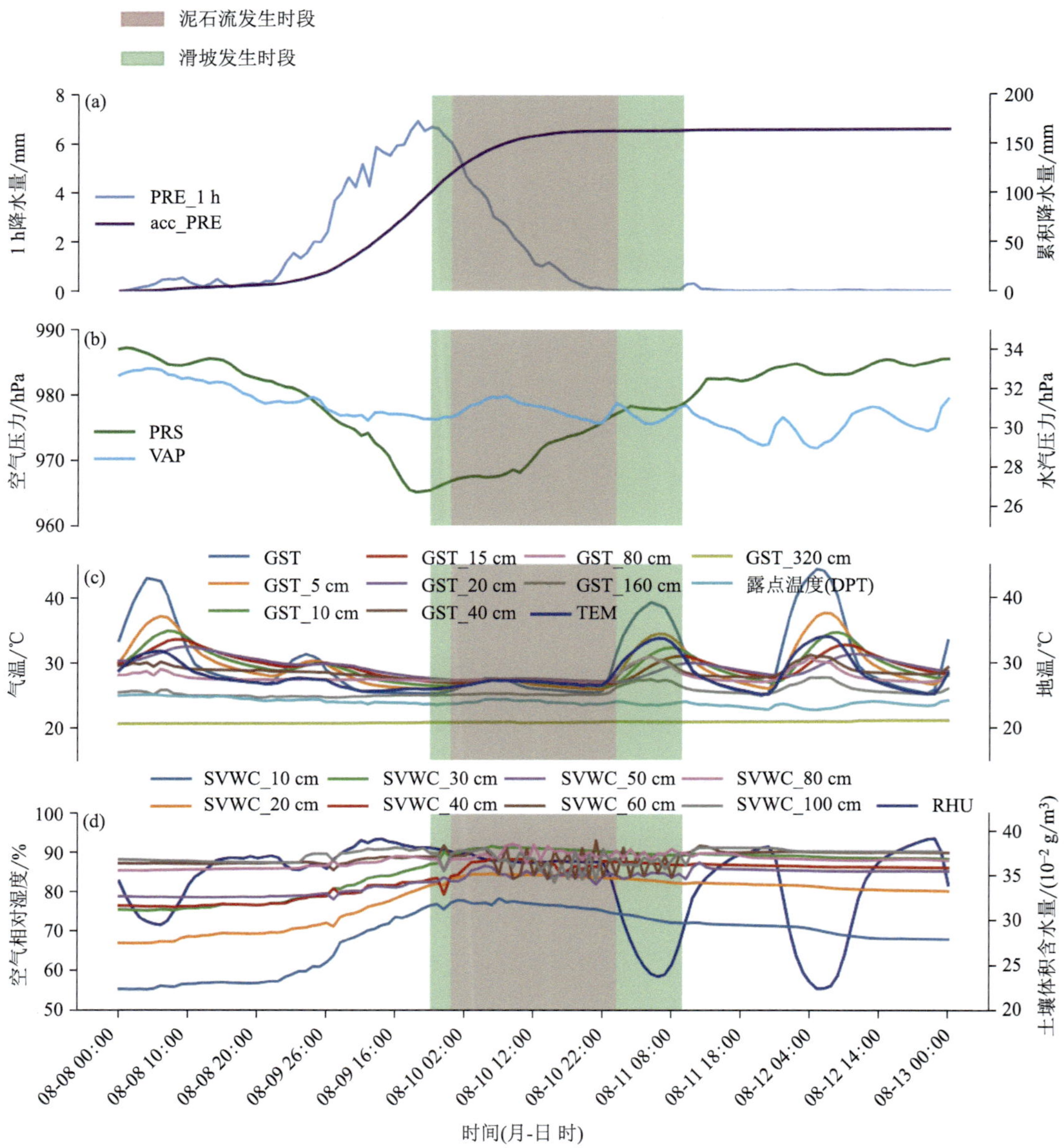

图 2.6 “利奇马”登陆期间浙江省泥石流和滑坡发生时气象和土壤条件的时间特征

绿色和棕色分别代表滑坡(2019 年 8 月 9 日 21:00—11 日 09:30)和泥石流(2019 年 8 月 10 日 00:00—11 日 00:00)的时间分布,它们在泥石流发生期重合

(a)显示过去 1 h 的降水量(pre_1 h)和整个过程(2019 年 8 月 8 日 00:00—11 日 00:00)的累积降水量(acc_PRE);(b)显示整个过程中的空气压力(PRS)、水汽压力(VAP);(c)显示整个过程中的气温(TEM)、地表温度(GST)、5 cm、10 cm、15 cm、20 cm、40 cm、80 cm、160 cm 和 320 cm 深处的地温(GST_5 cm、GST_10 cm、GST_15 cm、GST_20 cm、GST_40 cm、GST_80 cm、GST_160 cm、GST_320 cm)、露点温度(DPT);(d)显示了整个过程中不同土壤深度(10 cm、20 cm、30 cm、40 cm、50 cm、60 cm、80 cm、100 cm)的空气相对湿度(RHU)和土壤体积含水量(SVWC)

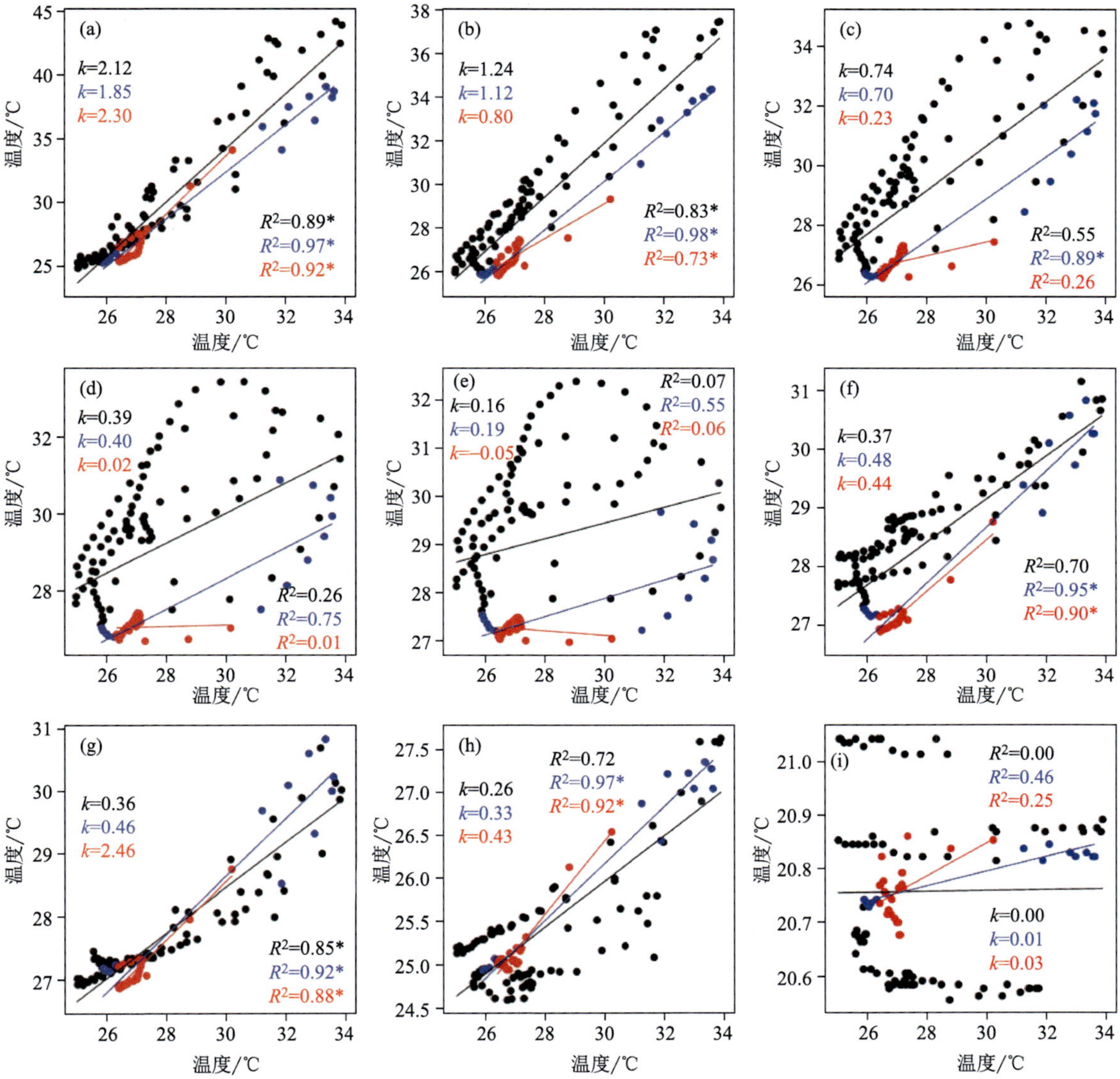

图 2.7　空气温度(坐标轴 X)与地表和土壤温度(坐标轴 Y)之间的相关性

(a)—(i)分别表示气温和地表温度、5 cm、10 cm、15 cm、20 cm、40 cm、80 cm、160 cm 和 320 cm 深处地温之间的关系。黑色、蓝色和红色点分别代表整个过程(2019 年 8 月 8 日 00:00—11 日 00:00)、滑坡发生时间(2019 年 8 月 9 日 21:00—11 日 09:30)和泥石流发生时间(2019 年 8 月 10 日 00:00—11 日 00:00)。黑色、蓝色和红色线是相应时期的拟合线。星号代表统计上显著的相关性($p<0.05$)

程的结束,土壤水分减少。值得注意的是,在泥石流和滑坡发生期间,更深土层(50～100 cm)的土壤体积含水量持续波动约 24 h(2019 年 8 月 10 日 10:00—11 日 10:00)。在滑坡期结束时,深层土壤的土壤体积含水量恢复稳定。

应分析土壤温度和湿度之间的相关性,以进一步观察泥石流和滑坡发生的土壤条件。受台风降水影响,泥石流灾害发生时各层土壤含水量均高于 8 月浙江省年平均土壤含水量(图 2.8a)。2000—2010 年 8 月期间,10 cm 处的年平均土壤体积含水量为 23.7×10^{-2} g/m³,

20 cm 处为 27.9×10^{-2} g/m^3，40 cm 处为 32.3×10^{-2} g/m^3，80 cm 处为 35.5×10^{-2} g/m^3。泥石流和滑坡发生时，土壤体积含水量随土层深度的增加而增加。与较深土层(40 cm 和 80 cm)相比，泥石流发生时，浅层(10 cm 和 20 cm)中土壤体积含水量的分布更为集中，而滑坡发生时则没有这种现象。在同一土层中，泥石流过程中土壤体积含水量的中值大于滑坡过程中土壤体积含水量的中值。研究还证实，高含水量是导致泥石流的一个重要土壤因素。同样，在同一土层中，泥石流期和滑坡期土壤体积含水量的上相邻值差异不大，但滑坡期土壤体积含水量的下相邻值较小。无论在泥石流或滑坡发生阶段，各层土壤温度均不随土层深度的变化而变化。在泥石流发生期，10 cm 土层温度分布较其他土层更为离散。而在滑坡期，除 20 cm 土层外，其余三个土层的土壤温度相对离散。在各土层中，滑坡的土壤温度中值均高于泥石流的土壤温度中值。与土壤水分分布不同，泥石流和滑坡发生时各层土壤温度的下邻值基本相同，而滑坡发生时的上邻值高于泥石流发生时的上邻值。这表明，泥石流发生时各层土壤温度均低于滑坡发生时。

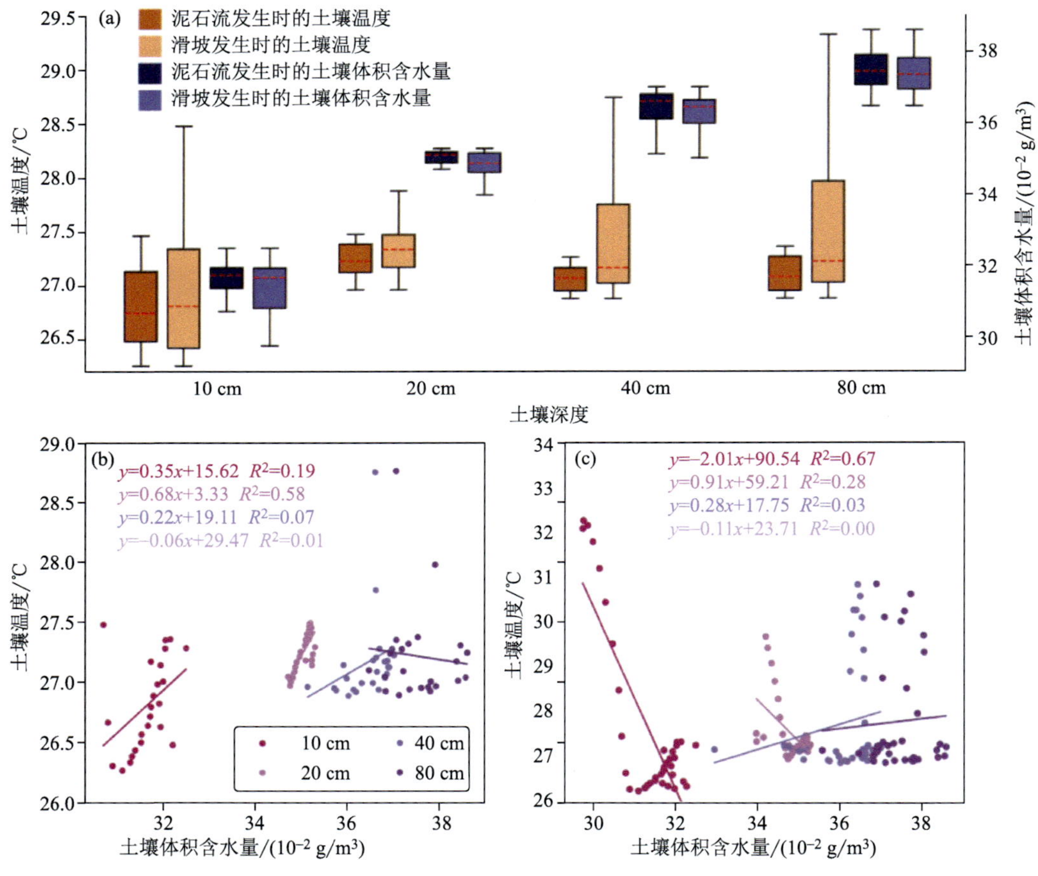

图 2.8 滑坡和泥石流期间的土壤温度和湿度及其相关性

(a)代表泥石流和滑坡期间不同土壤深度的土壤温度和土壤体积含水量分布；(b)和(c)分别表示泥石流和滑坡期间不同土壤深度的土壤温度和土壤体积含水量之间的相关性

与 10 cm、40 cm 和 80 cm 土层相比，泥石流发生时 20 cm 土层的土壤温度和土壤体积含水量的相关系数较大(R^2=0.58)，但未通过显著性检验(p<0.05)(图 2.8b)。泥石流发生期

间，除 80 cm 土层的土壤温度与土壤体积含水量无显著负相关外，其余土层的土壤温度与土壤体积含水量无显著正相关。与泥石流情景不同，滑坡情景下的土壤温度和土壤体积含水量在 10 cm 和 20 cm 深度表现出不显著的负相关，在 40 cm 和 80 cm 深度表现出不显著的正相关（图 2.8c）。虽然没有显著相关性，但在滑坡发生期间，10 cm 深度处的相关系数（$R^2=0.67$）高于其他层。无论在泥石流或滑坡发生期间，浅土层的土壤温度和湿度都比深层土壤的温度和湿度表现出更好的相关性。

2.3.2.2 灾害发生时的降雨阈值特征

图 2.9a 中显示了与“利奇马”引起的浙江省泥石流和滑坡发生相对应的 I-D 阈值（降雨强度-持续时间阈值）。泥石流和滑坡发生期间，降雨强度和持续时间的关系均为幂函数，泥石流和滑坡的降雨强度和持续时间分别为 $I=1247.73D^{-403.44}+19.09$ 和 $I=142.63D^{-0.58}-1.80$。在“利奇马”引起的泥石流发生期间，降雨强度随持续时间的增加而增大，而在滑坡发生期间，降雨强度随持续时间的增加而减小，呈幂函数关系。滑坡期间的降雨强度和持续时间比泥石流期间明显，这可能与滑坡期间的大量样本有关。24 h 内滑坡和泥石流的降雨强度分别为 18.1 mm 和 19.1 mm。48 h 内滑坡和泥石流的降雨强度分别为 11.9 mm 和 19.1 mm。无论是在滑坡还是泥石流期间，累积降雨量与持续时间之间都没有很好的相关性（图 2.9b）。同时，两种情景下累积降雨量和持续时间之间的线性拟合阈值（E-D 阈值）基本一致。与泥石流相比，累积降雨与滑坡持续时间之间的关系更为离散，这也表明滑坡发生的门槛较低，发生的情景更为丰富。

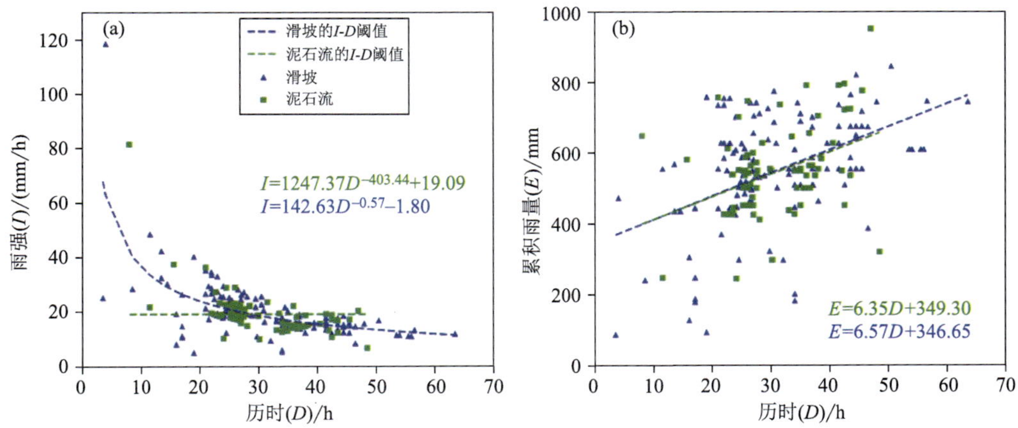

图 2.9 泥石流和滑坡期间的降雨强度-持续时间阈值（I-D 阈值）(a)和累积降雨-持续时间阈值（E-D 阈值）(b)

从有效前期降水量与当前小时降水量的相关性来看，无论是泥石流还是滑坡点，其分布都相对集中，满足 $y>18.5x$ 的关系（图 2.10a）。在当前小时降水量较小的情况下，滑坡的有效累积降雨阈值低于泥石流。目前泥石流灾害的小时降水量大部分在 0～10 mm，相应的有效前期降水量在 400～800 mm。与泥石流点相比，滑坡点的分布更为离散，目前小时降水量集中在 0～20 mm，相应的有效前期降水量也有较大的分布（80～800 mm）。通过分析最大 1 h 累积降水量与最大 3 h 累积降水量之间的关系，可以更清楚地了解极端降雨对泥石流和滑坡发生的影响。滑坡和泥石流发生期间，最大 1 h 累积降水量与最大 3 h 累积降水量具有良好的线性相关性（图 2.10b）。随着最大 1 h 累积降水量的增加，最大 3 h 累积降水量也随之增加，变化率为：滑坡情景＞泥石流情景。

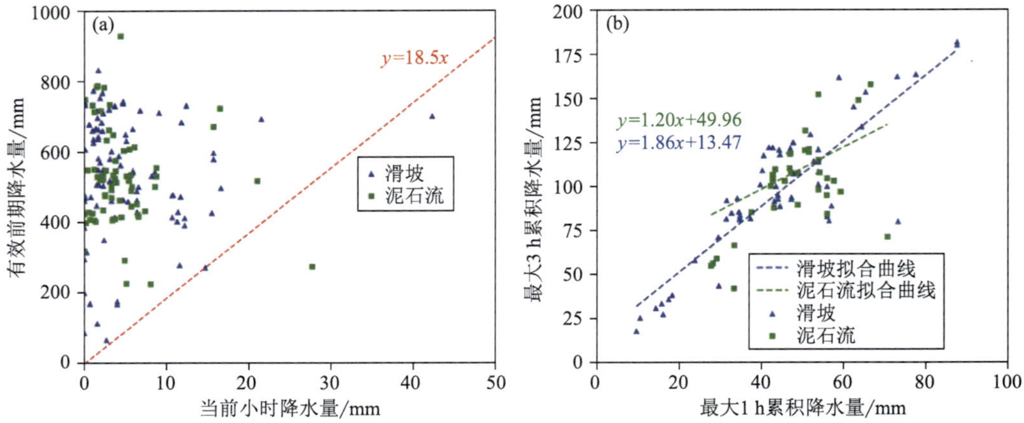

图 2.10 有效前期降水量-泥石流和滑坡期间当前每小时降水量(a)和最大 1 h 累积降水量以及最大 3 h 累积降水量(b)

2.3.3 讨论

2.3.3.1 浙江省西北部和东南部的 *I-D* 阈值不同

浙江省西北部和东南部山区面积大,山区地质条件稳定性差,一旦出现暴雨或台风,容易发生突发性地质灾害(周明浪 等,2014)。在“利奇马”的影响下,泥石流和滑坡也主要发生在浙江省西北部和东南部。由“利奇马”引起,浙江省东南部和西北部分别有 26 个和 74 个泥石流点,浙江省东南部和西北部分别有 100 个和 38 个滑坡点。为了进一步探索浙江省不同地区的 *I-D* 阈值差异,图 2.11 显示了东南部和西北部泥石流和滑坡的 *I-D* 阈值。西北部和东南部的灾情分别发生在浙江省临安市和温州市。不同学者给出的 *I-D* 阈值见表 2.6。

表 2.6 浙江省及其主要地质灾害易发地区山体滑坡、泥石流的 *I-D* 阈值

位置		灾害类型	灾害点数量/个	研究时段	公式	作者
浙江省		滑坡,泥石流	1569	1990—2013 年	$I=26.9136D^{-0.5394}$	Ma 等(2015),鲍其云等(2016)
		滑坡,泥石流	—	1990—2003 年	$I=52.86D^{-0.45}$	麻士华等(2011)
		滑坡	1467	1990—2013 年	$I=58.48D^{-0.44}$	鲍其云等(2016)
		泥石流	125	1990—2013 年	$I=48.45D^{-0.48}$	鲍其云等(2016)
浙江西北部	临安市	滑坡,泥石流	30	1990—2013 年	$I=27.00D^{-0.38}$	Ma 等(2015),鲍其云等(2016)
		滑坡	27	1990—2013 年	$I=27.61D^{-0.38}$	鲍其云等(2016)
		泥石流	3	1990—2013 年	$I=23.52D^{-0.37}$	鲍其云等(2016)
浙江东南部	乐清市	滑坡,泥石流	149	1990—2013 年	$I=114.75D^{-0.51}$	Ma 等(2015),鲍其云等(2016)
		滑坡,泥石流	—	1990—2003 年	$I=30.5373D^{-0.6529}$	麻士华等(2011)
		滑坡	148	1990—2013 年	$I=115.28D^{-0.51}$	鲍其云等(2016)
		泥石流	1	1990—2013 年	$I=39.67D^{-0.36}$	鲍其云等(2016)
	永嘉县	滑坡,泥石流	30	1990—2013 年	$I=51.85D^{-0.39}$	Ma 等(2015),鲍其云等(2016)
		滑坡,泥石流	—	1990—2003 年	$I=34.2421D^{-0.5964}$	麻士华等(2011)
		滑坡	27	1990—2013 年	$I=52.37D^{-0.38}$	鲍其云等(2016)
		泥石流	3	1990—2013 年	$I=48.24D^{-0.48}$	鲍其云等(2016)

注:“—”代表无数据。

与麻土华等(2011)、Ma 等(2015)和鲍其云等(2016)的研究相比,“利奇马”引起的泥石流和滑坡的 *I*-*D* 阈值不满足幂函数相关性(表 2.6 和图 2.11)。麻土华等(2011),Ma 等(2015)和鲍其云等(2016)研究中较短的降雨持续时间范围(24 h)和较长的时间序列(1990—2003 年或 1990—2013 年)可能是主要原因,因为较长的时间序列更有利于统计,更集中的持续时间可以减少样本的分散。浙江东南部的滑坡($E=868.04D^{0.16}-899.22$)和这两个地区的泥石流(浙江东南部的 $E=41.98D^{0.47}+372.02$ 和浙江西北部的 $E=26.59D^{0.71}+214.56$)都可以找到幂指数 *E*-*D* 阈值(图 2.11)。

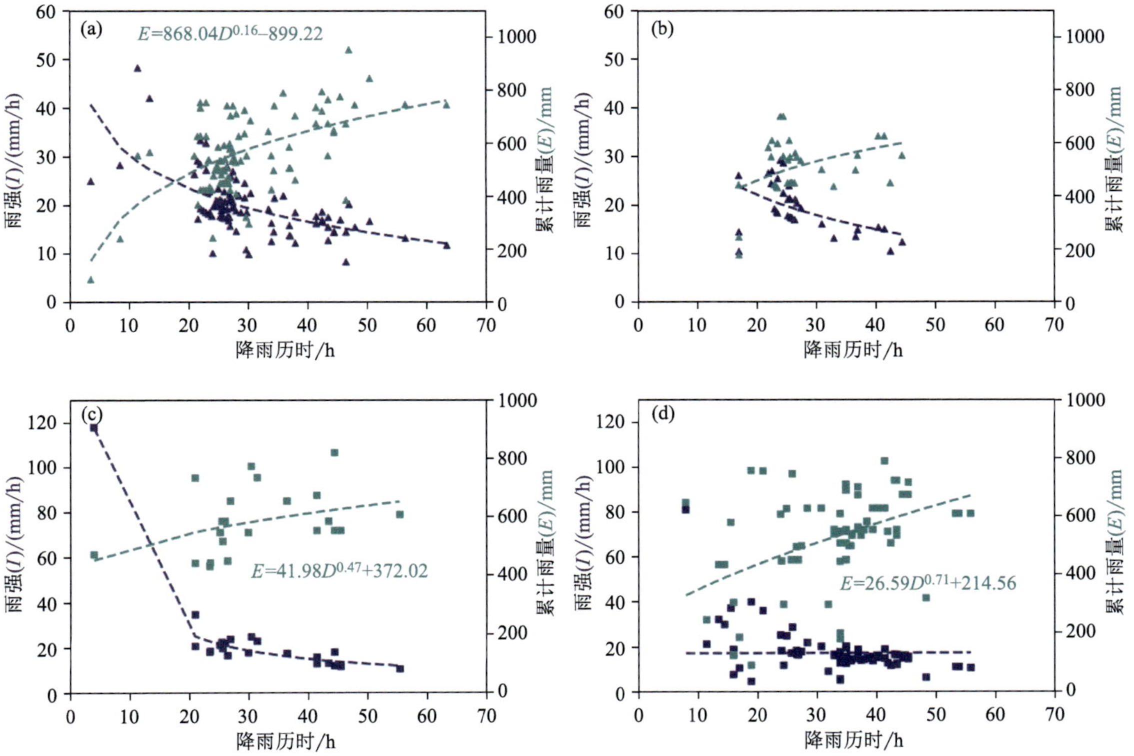

图 2.11 浙江东南部和西北部的 *I*-*D* 和 *E*-*D* 阈值

(图中虚线为拟合曲线,蓝色是雨强,绿色是累计雨量,▲是滑坡数据,■是泥石流数据)

(a)和(b)分别是浙江东南部和西北部的滑坡阈值;(c)和(d)分别是浙江东南部和西北部的泥石流阈值

2.3.3.2 浙江陆上台风期间的气象及土壤条件

2000—2019 年,18 个热带低气压(TD)以上的热带气旋登陆浙江(表 2.7),包括两个超强台风[2006 年的“桑美”(Saomai)和 2019 年的“利奇马”(Lekima)]、5 个强台风[2004 年的“云娜”(Rananim)、2005 年的“麦莎”(Matsa)和“卡努”(Khanun)、2007 年的“韦帕”(Wipha)和 2012 年的“海葵”(Haikui)],4 次台风(2000 年为“Jelawat”,2002 年为“Sinlaku”,2007 年为“Krosa”,2019 年为“Mitag”),4 次强热带风暴(2000 年为“Kai-tak”,2004 年为“Mindule”,2014 年为“Fong wong”,2018 年为“Yagi”)和 3 次热带风暴(2003 年为“Vamco”,2004 年为“Haima”,2018 年为“Jongdari”)(Ying et al.,2014;Lu et al.,2021)。

由于从 2015 年开始的微小水平土壤水分数据,水平比较了 2015—2019 年影响浙江省台

表 2.7　2000 年以来浙江省陆上台风资料

年份	名称	登陆期间的热带气旋等级	台风开始影响浙江时间（年-月-日 时）	台风登陆浙江时间（年-月-日 时）	台风警告停止或台风对浙江影响减小时间	台风消散时间（年-月-日 时）
2000	Kai-tak	强热带风暴(STS)	2000-07-09 05:00:00	2000-07-10 02:30:00	2000-07-10 15:00:00	—
2000	Jelawat	台风(TY)	—	2000-08-10 19:30:00	—	2000-08-13 02:00:00
2002	Sinlaku	台风(TY)	—	2002-09-07 18:30:00	—	2002-09-08 18:30:00
2003	Vamco	热带风暴(TS)	2003-08-20 05:05:00	2003-08-20 10:10:00	—	2003-08-20 20:10:00
2004	Mindule	强热带风暴(STS)	2004-07-02 12:00:00	2004-07-03 09:30:00	2004-07-03 20:30:00	—
2004	Rananim	强台风(STY)	2004-08-11 11:30:00	2004-08-11 20:00:00	2004-08-13 06:00:00	—
2004	Haima	热带风暴(TS)	2004-09-12 02:00:00	2004-09-13 12:00:00	2004-09-14 09:00:00	—
2005	Matsa	强台风(STY)	—	2005-08-06 03:40:00	2005-08-08 06:00:00	—
2005	Khanun	强台风(STY)	—	2005-09-11 06:50:00	2005-09-12 15:00:00	—
2006	Saomai	超强台风(SuperTY)	2006-08-09 21:00:00	2006-08-10 17:25:00	2006-08-11 02:00:00	2006-08-12 08:00:00
2007	Wipha	强台风(STY)	2007-09-17 12:00:00	2007-09-19 02:00:00	2007-09-19 15:00:00	—
2007	Krosa	台风(TY)	—	2007-10-07 15:30:00	2007-10-08 02:00:00	—
2012	Haikui	强台风(STY)	2012-08-05 17:00:00	2012-08-08 03:20:00	2012-08-09 12:00:00	—
2014	Fong-wong	强热带风暴(STS)	—	2014-09-22 19:35:00	2014-09-23 14:00:00	—
2018	Jongdari	热带风暴(TS)	2018-07-30 17:00:00	2018-08-03 09:00:00	2018-08-03 23:00:00	—
2018	Yagi	强热带风暴(STS)	2018-08-11 05:00:00	2018-08-12 23:35:00	2018-08-13 17:00:00	—
2019	Lekima	超强台风(SuperTY)	—	2019-08-10 01:45:00	2019-08-12 14:00:00	2019-08-13 14:00:00
2019	Mitag	台风(TY)	2019-09-30 20:00:00	2019-10-01 20:30:00	2019-10-02 14:00:00	—

风的土壤体积含水量(图 2.12)。土壤体积含水量随土层深度的增加而增加。由于台风登陆前的降水,土壤体积含水量在台风登陆前增加。在第 3.1 节中发现,在台风“利奇马”影响期间,各层的土壤体积含水量波动,但在其他 3 个台风影响期间不存在这种现象。与其他 3 个台风相比,台风“利奇马”的影响时间更长,降雨量和风速更大,影响范围更广,可能导致土壤体积含水量波动。正涡度中心与对流层下部的强辐散中心重合,对流发展高度高,有利于持续性强降雨(郑铮 等,2021)。超大降水量使各层土壤水分均受到台风影响,且影响时间长、影响范围大,使整个浙江的土壤体积含水量持续受到“利奇马”的影响。此外,张倩等(2021)指出,台风的降雨可以减少受影响区域的浅层地下水深度。浅层地下水深度的减少进一步导致地下水补给和土壤流量的变化,这也可能导致“利奇马”登陆期间土壤体积含水量的波动。

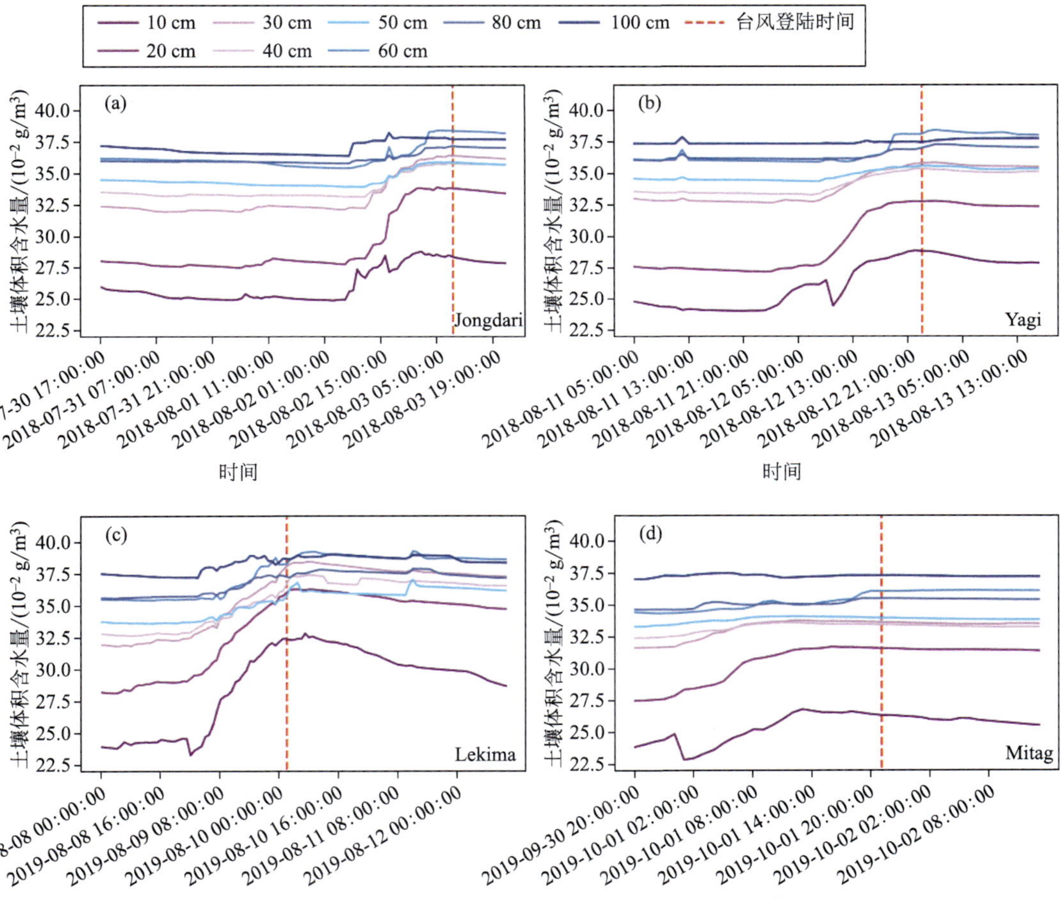

图 2.12　台风影响浙江省期间不同土壤层的土壤体积含水量(SVWC)区域平均值

(a)、(b)、(c)、(d)分别是台风“Jongdari”“Yagi”“Lekima”“Mitag”

随着土层深度的增加,台风影响期土壤温度的变化幅度逐渐减小,表明台风对深层土壤温度的影响小于对表层土壤温度的影响(图 2.13)。除 8 月的台风外,其他月份几乎没有台风引起 320 cm 的土壤温度变化。无论是台风影响期还是 2000—2020 年的平均土壤温度,7 月和 8 月 5~80 cm 深度的土壤温度均高于 9 月和 10 月。原因是 7 月和 8 月出现了较高的地表气温,地表气温强烈影响了浅层土壤的冻融状态(Li et al.,2021)。由于深层土壤能量交换缓慢,

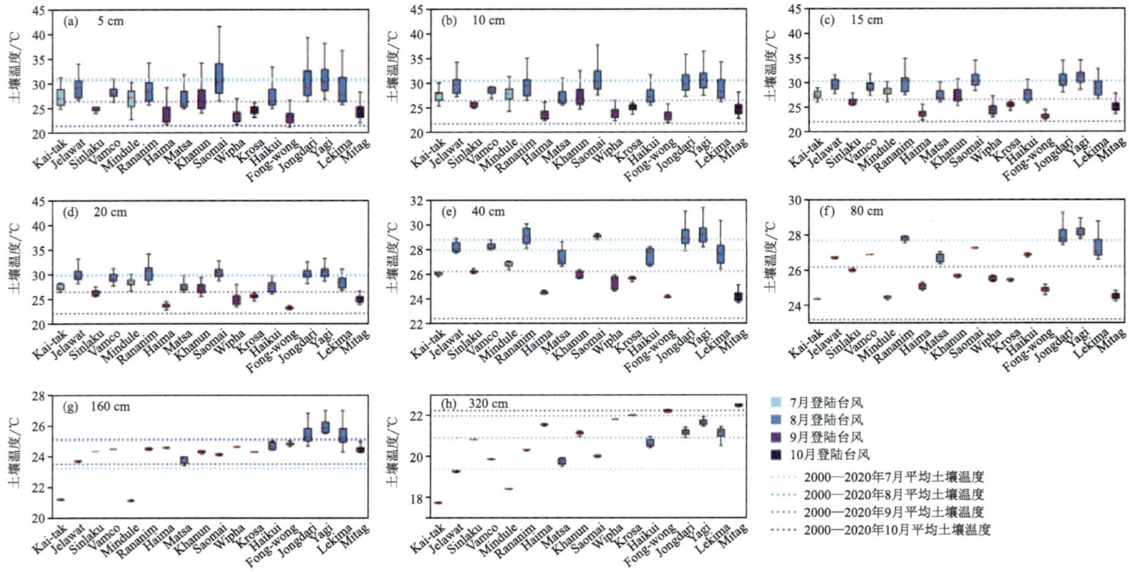

图 2.13　在影响浙江省的台风期间，不同土层（5 cm、10 cm、15 cm、20 cm、40 cm、80 cm、160 cm、320 cm）的区域平均土壤温度

7 月气温和浅层土壤温度升高时，深层土壤（160 cm 和 320 cm）的温度没有升高。由于能量交换缓慢，深部土壤从冬季到夏季的温升比浅部土壤的温升晚，导致 7 月 160 cm 和 320 cm 处的温度较低，320 cm 处的土壤温度从 7 月到 10 月逐渐升高。

2.3.4　结论

本研究利用 2019 年 8 月 7 日 00:00:00—2019 年 8 月 12 日 23:55:00 的观测分钟降水数据、逐小时气象数据和土壤数据，研究了影响浙江省的台风“利奇马”期间泥石流和滑坡的降雨阈值。还研究了泥石流和滑坡情景下的气象和土壤条件。进一步研究了泥石流、滑坡发生时不同土层深度土壤温湿度、有效前期降水量与当前小时降水量、最大 1 h 累积降水量与最大 3 h 累积降水量的相关性。主要结果如下。

（1）泥石流和滑坡发生期间，深层（50～100 cm）土壤体积含水量持续波动。在滑坡期结束时，深层土壤的土壤体积含水量恢复稳定。

（2）在同一土层上，泥石流期和滑坡期土壤体积含水量的上相邻值差异不大，但滑坡期土壤体积含水量的下相邻值较小。然而，与土壤水分分布不同，泥石流和滑坡发生时各层土壤温度的下邻值基本相同，而滑坡发生时的上邻值高于泥石流发生时的上邻值。

（3）与整个台风期和泥石流发生期相比，滑坡发生期地表温度和地表气温、土壤温度和地表气温具有较好的相关性。

（4）在泥石流和滑坡发生期间，各层土壤温度均不随土层深度的变化而变化。浅层土壤的温度和湿度具有比深层土壤更好的相关性。

（5）泥石流和滑坡发生期间，降雨强度和持续时间（I-D）阈值均为幂函数，滑坡和泥石流分别为 $I=142.63D^{-0.58}-1.80$ 和 $I=1247.73D^{-403.44}+19.09$。累积降水量和持续时间（$E$-$D$）阈值与 I-D 阈值没有幂函数关系，相关性不显著。

第3章 地质灾害概率模型研究

根据地质研究区域选择华中地区地质灾害发灾频率较高、地质灾害易发度较为相似的鄂、湘、赣三省。本研究的主要技术路线是根据研究区内历史地质灾害灾情系列提取灾害发生降水相关因子，综合地质灾害精细化潜势评价，构建二分类数据，利用主成分分析提取贡献率超过90%的主成分，利用 Logistic 模型进行回归分析，交叉验证得到回归参数，建立地质灾害概率模型，同时，将未经过主成分分析的因子直接建模进行对比试验，研究中南地区的地质灾害发生概率计算方法。再以栅格点上以定量降水估测、定量降水预报降水、地质灾害易发度为输入，在回归参数基础上建立地质灾害概率预警模型。预警模型在预报区域的栅格点上预报降雨触发地质灾害的发生概率，回算 2019 年地质灾害精细化概率模型产品，对 2019 年的主要地质灾害过程进行产品的检验。

3.1 研究方法

3.1.1 主成分分析法

主成分分析(Principal Component Analysis，PCA)是一种统计方法，它将原来变量重新组合成一组新的互相无关的几个综合变量，同时根据实际需要从中可以取出几个较少的综合变量尽可能多地反映原来变量的信息。通过正交变换将一组可能存在相关性的变量转换为一组线性不相关的变量，转换后的这组变量叫主成分，是数学上用来降维的一种方法。本研究中用其来分析降水因子和地质灾害易发度因子的关系。根据累计贡献率来取主成分，使其特征值大于 1，选取 k 个主成分，建立主成分：

$$F_k = a_{1k}Z_1 + a_{2k}Z_2 + \cdots + a_{pk}Z_p \tag{3.1}$$

$$W_i = \sum_{j=1}^{k} |a_{ij}| \times E_j \tag{3.2}$$

式中，a_{ij} 描述了因子 i 在第 j 个主成分中的因子得分系数，即第 i 个因子对第 j 个主成分的贡献，它与该主成分对应方差的贡献率 E_j 的组合，便是需要确定的第 i 个环境因子的权重值，F 为主成分，Z 为指标的标准化值，W 为权重值，k 为主成分个数，p 为个数因子。

3.1.2 Logistic 回归

回归分析是确定两种或两种以上变量间相互依赖的定量关系的一种统计分析方法，

Logistic 回归分析是一种广义的线性回归分析模型，是研究因变量为二分类的分类变量或某事件的发生率，比较常用的情形是探索某些致灾因素，根据危险因素预测灾害发生的概率等，而地质灾害发生是降水、地质灾害易发度等因素综合影响的结果，适合用 Logistic 模型进行概率预测。

Logistics 回归方程为：

$$P=\frac{1}{1+e^{-(\beta_0+\beta_1 x_1+\beta_2 x_2+\cdots+\beta_m x_m)}} \tag{3.3}$$

式中，P 为发生概率，x 为相关的自变量，β 为各个系数，m 为自变量个数。因为分子比分母小，且指数函数取值为正数，故 P 取 0～1 区间的数值。

3.1.3 预警检验方法

灾情以县为单位统计的，本研究取县城周边 20 km 的范围为预报值提取区，针对概率预报，本研究基于根据中国气象局 2020 年 12 月 1 日实施的《暴雨诱发地质灾害气象风险预警业务规范》的检验方法，当地质灾害发生的概率大于 50％时为地质灾害黄色以上级别预警，并对社会发布，为了实现检验的量化，本研究在此基础上，对于定量化做如下规定，当周边区域最大概率值大于 60％(含)为可预报，小于 50％为不可预报。最大概率值为 50％～69％，且平均概率值也为 50％～69％时，也考虑为确定可预报本取灾情范围内的概率最大值和平均值作为检验的参量。

3.2 研究区域灾情情况

华中地区位于中国中部、气候复杂多变，暴雨等易引发地质灾害的发生，夏季是华中地区极端降水多发期，极易引发滑坡、泥石流等地质灾害。年降水量空间分布不均匀，由北向南依

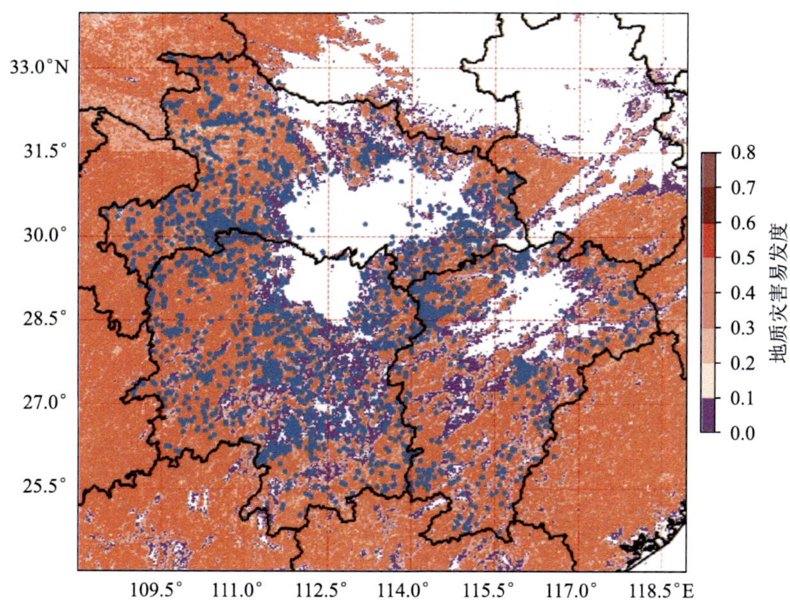

图 3.1 华中地区地质灾害易发度和地质灾害散点分布

次递减，其中河南降水大部分在 600～1000 mm，湖北降水大部分在 800～1400 mm，湖南大部可达 1400 mm 以上。华中地区常出现春季连阴雨、夏季暴雨、华西秋雨等引发地质灾害，造成地灾发生的主要特点为全年均有发生、夏季最为严重，特别是江西，其地质灾害数量在全国来看仅次于四川。

本研究的灾点与地质灾害易发度进行叠加后如图 3.1 所示，华中地区的易发度信息量大多分布于 0.0～0.6，易发度局部较大。而地质灾害发生最密集的地区为鄂湘赣交界处、湖南西北和湖北西南交界处及湖南中东部一带。

3.3 地质灾害概率模型的建立

3.3.1 地质灾害与降水、地质灾害易发度的主成分分析

本研究选取与地质灾害发生相关的地质灾害易发度和表征降水的 6 个因子进行分析。其中，降水因子分别是表征降水量和降水连续性的当日降水、前期有效降水、降水日数、最长连续降水日数、最长连续降水量、前 3 d 最大降水量，而进行 Logistic 回归要保证变量的独立性，因此先进行主成分分析。因变量还存在属性和数量级的差异，需要对原始数据进行标准化处理后进行 PCA 分析。另外，为了保证因子的连续性，研究中与降水相关的因子进行了正态化处理，分析主要结果见表 3.1。

表 3.1 各主成分贡献率和特征根

主成分	1	2	3	4	5	6	7
贡献率	0.56	0.17	0.14	0.06	0.04	0.02	0.01
特征根	3.92	1.16	1.00	0.43	0.30	0.15	0.04

结果表明，第一主成分解释度达到 56%，前 3 个变量的解释度达到 87%，前 4 个达到 93%，因此前 4 个主成分基本可以反映全部指标的信息。按照 80% 的累积方差贡献率提取 3 个主成分，具有较高因子负荷的变量为影响地质灾害发生的主要指标（表 3.2）。

表 3.2 前 4 个主成分中提取的 3 个主成分分析结果

主成分	前期有效降水	当日降水	易发度	最长连续降水日数	前 3 d 最大降水	降水总日数	最长连续降水量
1	0.944	0.373	−0.002	0.251	0.233	0.142	0.088
2	0.465	0.547	−0.114	−0.331	0.210	−0.193	−0.033
3	0.037	0.094	0.992	−0.043	0..011	−0.017	−0.002

结果显示，第一主成分主要包括前期有效降水、当日降水、最长连续降水日数，第二主成分主要包括当日降水、易发度、前期有效降水和最长连续降水日数，第三主成分包括易发度、前期有效降水，最终确定前期有效降水、当日降水、易发度和最长连续降水日数为中南地区地质灾害发生与否的指标体系。

3.3.2 Logistic 回归试验

目前灾情资料提供了灾害发生的样本及已具备发生的样本，但是构造 Logistic 建模需要没有发生的样本，模型的效果跟 0 值的挑选有很大的关系。本研究根据灾害发生与否、降水前未发生等情况挑选 0 值，在去重性检查后和灾点降水相似提取前期降水。如此确定建模样本后，将样本的 80%进行建模，20%用来检验。为了进行更好地预报，这里将主要主成分和主要变量分别进行建模和对比试验，试验设计见表 3.3。

表 3.3 中南地区地质灾害 Logistic 回归试验

主成分	主成分主要变量	主要因子
试验 A	第 1、2 主成分	前期有效降水、当日降水
试验 B	第 1、2、3 主成分	前期有效降水、当日降水、易发度
试验 C	第 1、2、3、4 主成分	前期有效降水、当日降水、易发度、降水日数

固定样本后，分别进行试验，分别计算其准确率，得到表 3.4，从中可以发现，试验 B 选取 3 个因子的准确率较低，而试验 A 和 C 相对更优。当选取 2 个因子时，主成分建立的模型有更高的准确率，而选取 3 个或者 4 个因子时，两个方法的准确率相差不大，但选取 4 个变量直接作 Logistic 回归时，效果相对更优。

表 3.4 主成分主要变量和主要因子的准确率

主成分	主成分主要变量	主要因子
试验 A	0.811	0.809
试验 B	0.800	0.806
试验 C	0.812	0.810

选取试验 B 和 C 做出 ROC 曲线，从中可以发现，试验 B 的直接用主要变量的 Logistic 回归评分优于主成分变量的测试数据生产的结果，而试验 C 则两者相差不大，主成分变量 ROC 包含的面积为 0.915，相对较优。综合考虑，还是以主成分分析的变量进行建模。

为了消除样本选择对试验的影响，这里利用主成分分析的前 4 个变量和前 4 个主要因子进行五折交叉验证进行参数的确定，主成分变量回归的准确率为 0.818，主要因子回归的准确率为 0.804(图 3.2)。

$$P=\frac{1}{1+e^{-B}} \tag{3.4}$$

式中，P 是主成分变量回归的准确率，$B=-a+bX_1+cX_2+dX_3+eX_4$，其中，a、b、c、d 分别为[−0.092，1.085，0.979，0.188，−1.153]。其中 X_1 为前 15 d 的前期有效降水、X_2 为灾害当日 24 h 降水，X_3 为地质灾害易发度的信息量值，X_4 为降水日数。

查准率(precision)，即预测为正的样本当中有多少预测准确，查全率(recall)，即真正为正的样本当中有多少被预测准确了。$F1$ 值是精确度和召回率的调和平均值，精确度和召回率都高时，$F1$ 值也会高。$F1$ 值在 1 时达到最佳值，最差为 0。从表 3.5 中可以看到，0 值回归模型的查准率高于查全率，平均值为 0.818，而 1 值查全率高于查准率，平均值为 0.817，但检验结果是建立在样本检验的基础上，在业务应用中应该在实际中对长时间系列进行检验。

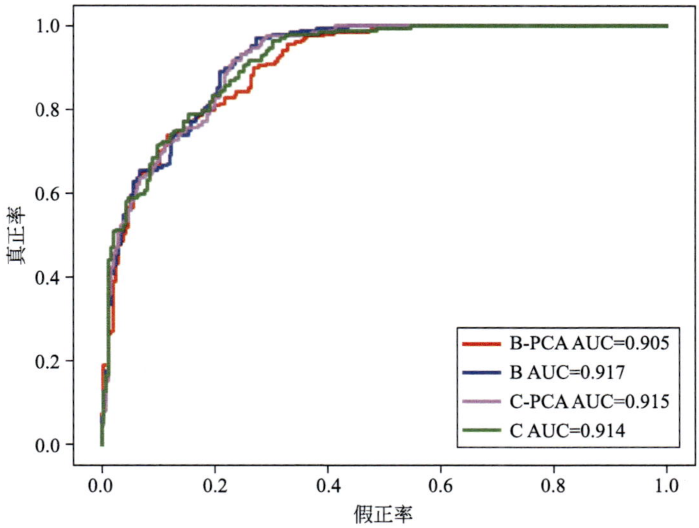

图 3.2 前 4 位主成分分析和 4 个主要变量的 Logistic 回归模型检验的接收者工作特性曲线(Receiver Operating Characteristic,ROC)

(AUC 为曲线下面积,PCA 为主成分分析)

表 3.5 Logistic 模型检验样本分查准率、查全率、*F*1 评分

项目	查准率	查全率	*F*1 评分	支撑样本
0	0.826	0.81	0.82	224
1	0.81	0.824	0.818	220
准确率	0.818	—	0.819	444

3.4 2019 年中南地区地质灾害概率模型产品的检验

提取 2019 年地质灾害灾情对应的概率最大值和平均值,对同一个点的多个灾情概率值进行平均后得到地质灾害灾点概率模型的分布图。从最大概率的分布来看,灾点概率预报大值区主要分布于湖北省西部、湖南省中南部、湖南省西部和南部及江西省中北部,概率值为 65%～95%,概率值较低的区域主要分布于湖北省东部、江西省西南部和湖南省东部(图 3.3)。

而从周边的灾害点平均概率来看,概率值较最大概率偏低 20%～40%,大值区主要分布于湖南省和江西省南部,除此之外概率值为 10%～40%,分布无明显规律性。平均概率与最大概率相差较大,究其原因,可能是灾点周边 20 km 范围地质条件较为复杂,地质灾害易发度差别较大,单在精细化地质灾害气象预报中可以参考。

这里对华中三省检验结果进行分析可以发现,确定可预报均在 52%以上,其中湖南省最高,为 63%,同时湖南省的漏报最少,为 25%,湖北省和江西省漏报均为 36%(图 3.4)。可以看出,华中三省可能预报达到 60%以上,具有较好的指导意义(表 3.6)。

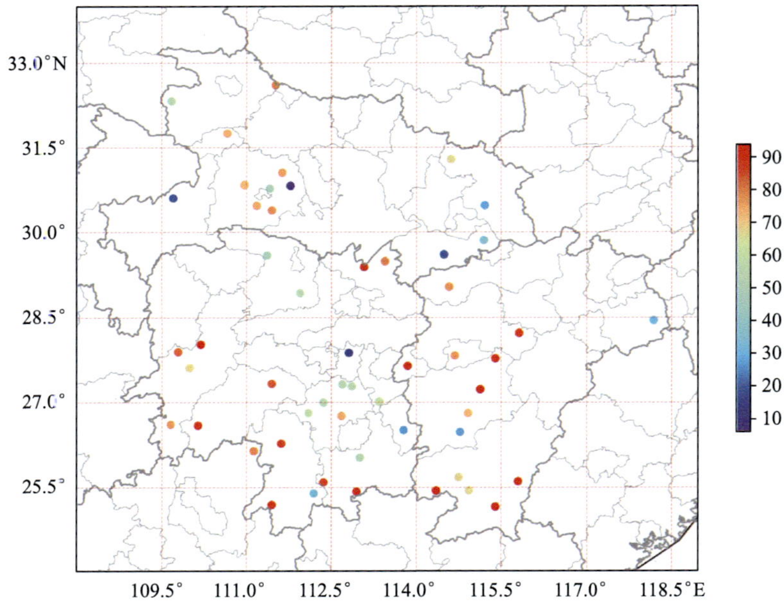

图 3.3　2019 年 5—10 月中南地区地质灾害灾点平均最大预报概率值(单位:%)

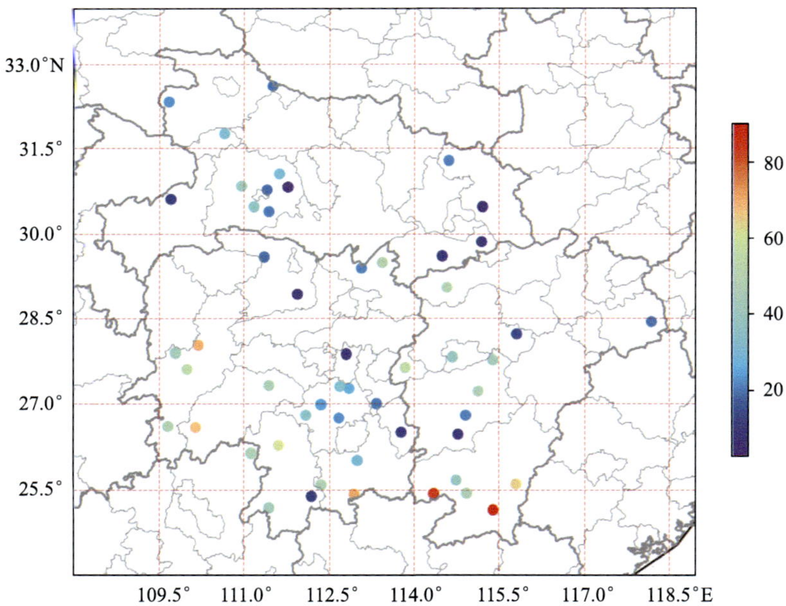

图 3.4　2019 年 5—10 月中南地区地质灾害灾点平均预报概率值(单位:%)

表 3.6　2019 年 5—10 月中南地区地质灾害概率预报效果　　%

项目	湖北省	湖南省	江西省
确定可预报	52%	63%	54%
可能预报	12%	12%	10%
不可预报	36%	25%	36%

第4章 在巢湖流域面雨量预报中的应用及检验

面雨量是水文预报中一个重要参量，面雨量预报的精度直接关系到洪水预报精度和洪水调度决策的科学性（刘静 等，2012）。做好汛期面雨量预报，对于电力生产调度和防洪减灾具有重要意义（卢小凤 等，2020）。2020 年 6 月以来，我国南方多地遭受强降水，并引发了严重的洪涝灾害。特别是长江流域，多地河湖超过警戒水位及历史最高水位，长江中下游形势尤为严峻。基于以上形势，研究以分钟降水为基础，对巢湖流域各子流域 2020 年 7 月 25—28 日的面雨量进行预报和评估，以检验该系统在面雨量方面预报的适用性和准确性，并希望以后可以将此技术在其他流域面雨量计算中得到推广。

4.1 资料和方法

4.1.1 研究区概况

巢湖流域位于安徽省中部江淮丘陵之间，长江流域下游左岸，流域面积 13486 km^2（约占安徽省总面积的 9.3%），巢湖流域地势西高东低、南高北低、中部低洼，西北部为丘陵岗地，西南部是大别山区，东部为东北—西南走向的弧形山脉（周俊成，2018；王赵飞 等，2019）。山区海拔高度一般在 400～500 m，冲积平原地区海拔在几米至十几米。巢湖位于流域中心，在其周围分别有 11 个子流域，分别是南淝河流域、柘皋河流域、裕溪河流域、西河流域、兆河流域、白石天河流域、杭埠河流域、龙河口水库控制流域、丰乐河流域、派河流域和董铺大房郢水库控制流域（图 4.1）。巢湖流域内气候多变，降水不均，并且多发生暴雨，属于旱涝灾害的易发地区（窦鸿身 等，2003），故而对巢湖面雨量的预报尤为重要。

4.1.2 数据和方法

进行 2020 年 7 月 25 日 08 时—28 日 08 时结果检验所用的实况数据，是由安徽省气象台提供的研究时段内的逐小时面雨量实测数据。

根据分钟降水方法计算得到降水量后，将巢湖流域网格化，按下式计算得到流域面雨量：

$$r = \sum_{1}^{n} P_i \times A_i \tag{4.1}$$

式中，r 为流域面雨量，i 为流域划分的格点数，P_i 为 i 格点上的降水量，A_i 为 i 格点的面积，此处网格为 1 km×1 km。

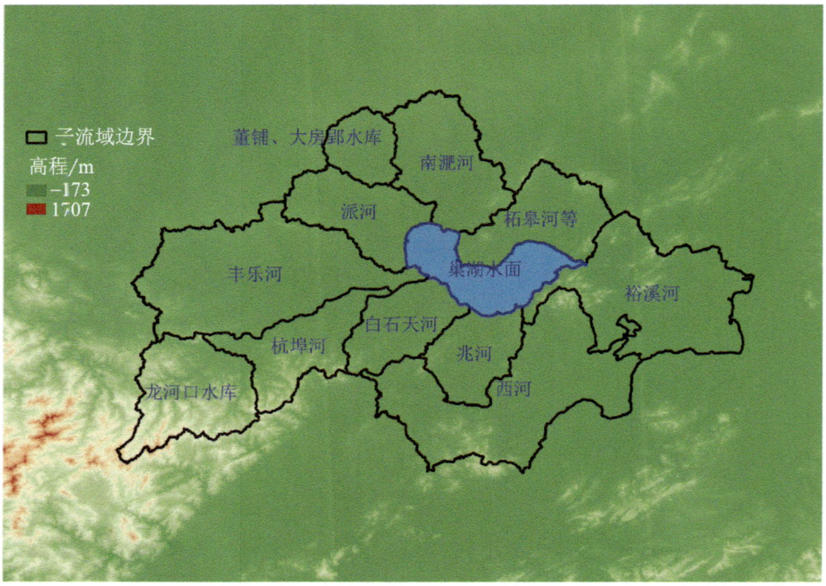

图 4.1 巢湖流域位置

4.2 结果

4.2.1 逐小时雨量检验

图 4.2 中显示，巢湖流域 7 月 25 日 08 时—28 日 08 时天气雷达分钟降水(MQPF)逐小时面雨量产品与实测数据之间的均方根误差范围在 0.87～2.30，平均绝对误差范围在 0.46～1.06。对于逐小时雨量逐日时长检验，巢湖流域北部(董铺大房郢水库、南淝河、派河、柘皋河流域)预报结果较好，其相应的 RMSE 和 MAE 值较小。而流域南部和东部(兆河、裕溪河、白石天河、杭埠河)预报结果略差。这可能与地形因素有关，巢湖北部子流域基本为平原地带，而巢湖南部小丘陵较多。除了对平原地区降水可能有所高估和对丘陵地区可能有所低估，不同的地形对定量降水量估算应该还有着不同的影响(Yang et al.，2015)。

对于 7 月 25 日 08 时—28 日 08 时 MQPF 逐小时面雨量 1 mm 阈值以上各子流域的 TS 评分介于 0.36～0.61(图 4.3)。逐小时面雨量 3 mm 阈值以上各子流域的 TS 评分介于 0.20～0.55(图 4.4)。逐小时面雨量 5 mm 阈值以上介于 0.14～0.67(图 4.5)。10 mm 阈值以上面雨量董铺大房郢水库、兆河和西河流域的 TS 评分分别为 0.67、0.25 和 0.50(图 4.6)。本次降水过程 10 mm 以上面雨量较少，故 10 mm 阈值以上没有 TS 评分。对于 3 d 时长来看，逐小时产品的空报率高于漏报率。大部分流域的漏报率为零，空报率绝大部分流域在 0.5 以上。空报率高是绝大部分预报结果的较常见现象，为了尽量减少漏报所产生的人身和财产安全问题，空报率会有所增加。

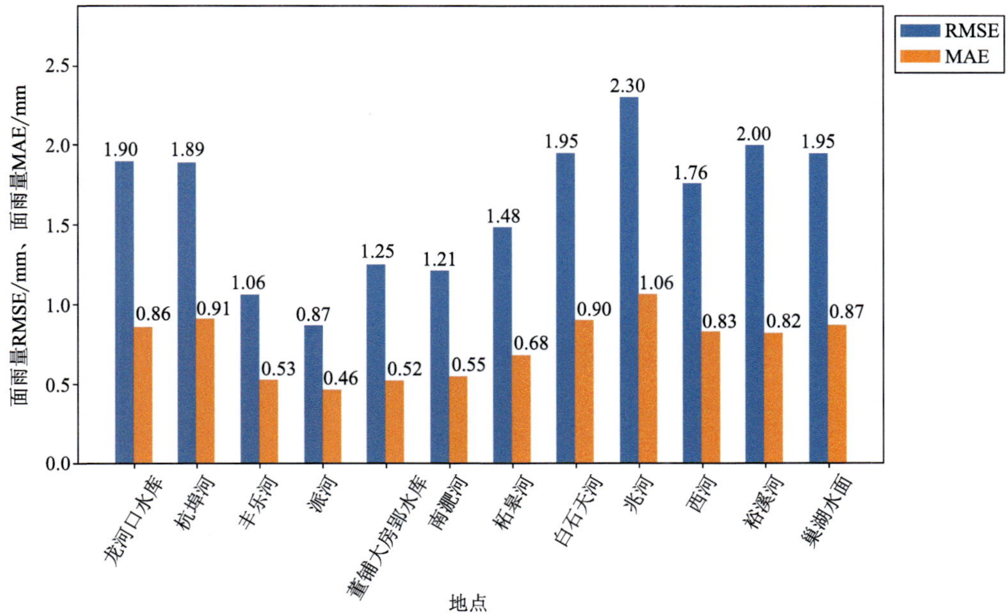

图 4.2　7 月 25 日 08 时—28 日 08 时 MQPF 逐小时产品与实测数据对比结果

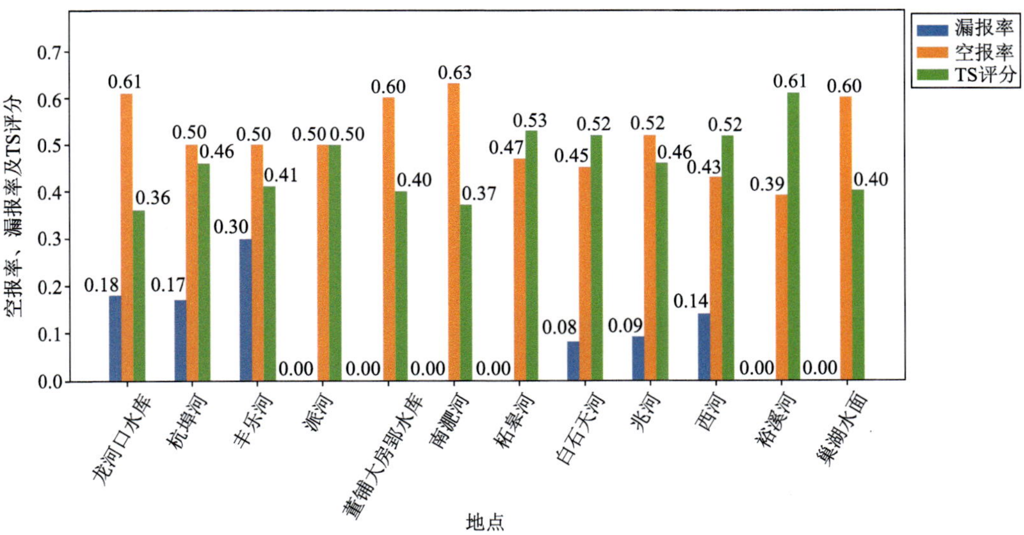

图 4.3　7 月 25 日 08 时—28 日 08 时 MQPF 逐小时 1 mm 阈值以上产品与实测数据对比检验结果

10 mm 阈值平均 TS 评分最低，为 0.18。其他阈值平均 TS 评分顺序为：1 mm 阈值(0.46)>3 mm 阈值(0.40)>5 mm 阈值(0.35)。1 mm 的平均 TS 评分最高，而 10 mm 的 TS 评分最低，主要是由于雨量越大，其形成原因越复杂，如突发强对流出现等情况，都会导致不确定性的暴雨，1 mm 阈值检验的东部流域(裕溪河、西河、兆河、柘皋河)TS 评分高，3 mm 阈值检验派河、董铺、白石天河、裕溪河 TS 评分高，5 mm 阈值检验南淝河、董铺、龙河口 TS 评分高。

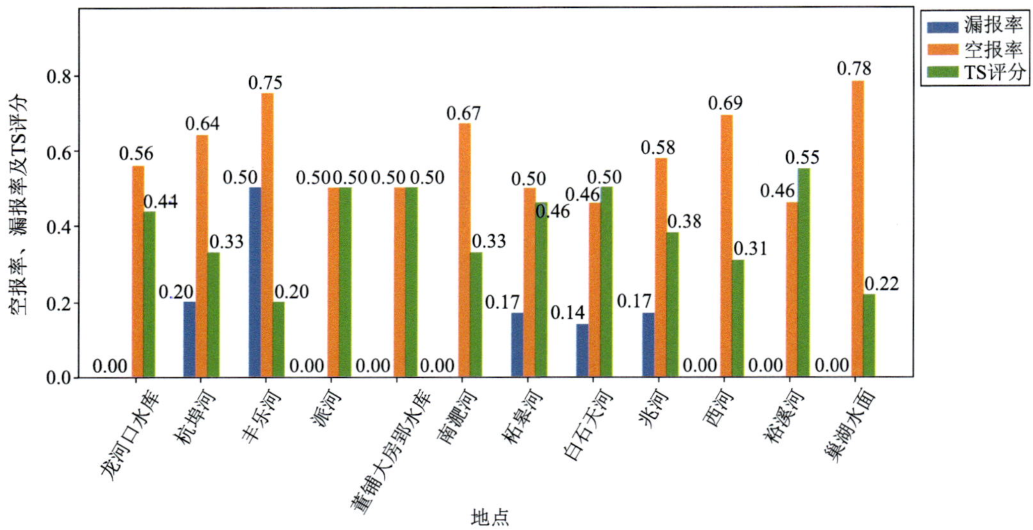

图 4.4 7 月 25 日 08 时—28 日 08 时 MQPF 逐小时 3 mm 阈值以上产品与实测数据对比检验结果

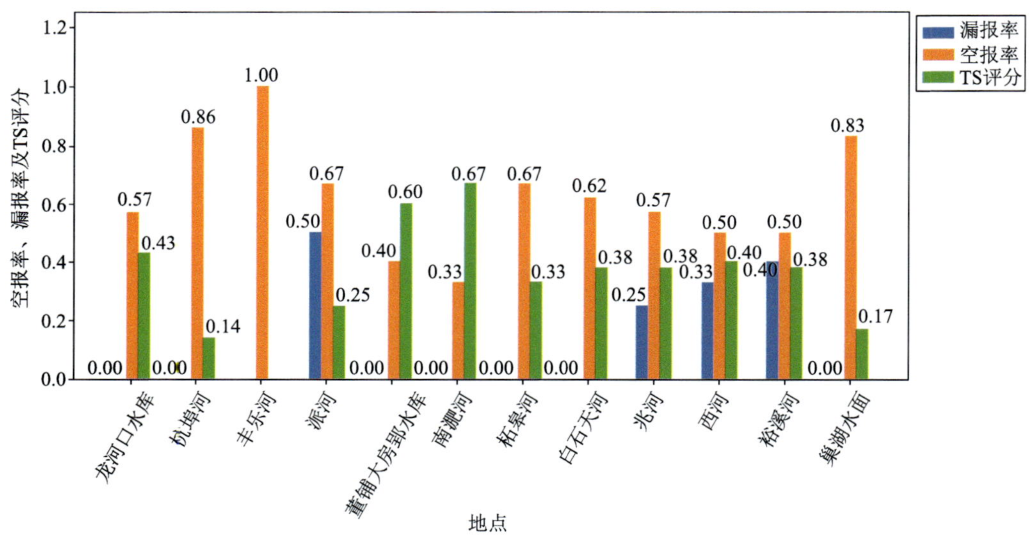

图 4.5 7 月 25 日 08 时—28 日 08 时 MQPF 逐小时 5 mm 阈值以上产品与实测数据对比检验结果

4.2.2 累积两小时雨量检验

图 4.7 中所示，巢湖流域 7 月 25 日 08 时—28 日 08 时 MQPF 累积 2 h 面雨量产品与实测数据之间的均方根误差范围在 1.67～4.61，平均绝对误差范围在 0.89～2.10。对于累积 2 h 雨量逐日时长检验，巢湖流域北部（南淝河、柘皋河流域）和西部（派河、丰乐河）预报结果较好，其相应的 RMSE 和 MAE 值较小。而流域南部和东部（兆河、西河、白石天河、裕溪河）预报结果略差。累积两小时雨量误差结果与逐小时雨量结果基本相同。

对于 7 月 25 日 08 时—28 日 08 时 MQPF 累积 2 h 面雨量 1 mm 阈值以上各子流域的 TS

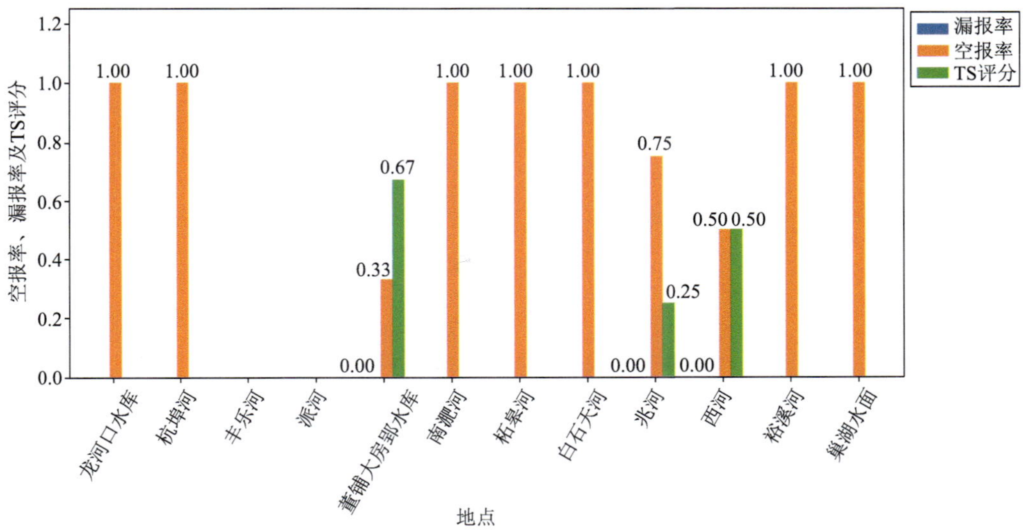

图 4.6　7 月 25 日 08 时—28 日 08 时 MQPF 逐小时 10 mm 阈值以上产品与实测数据对比检验结果

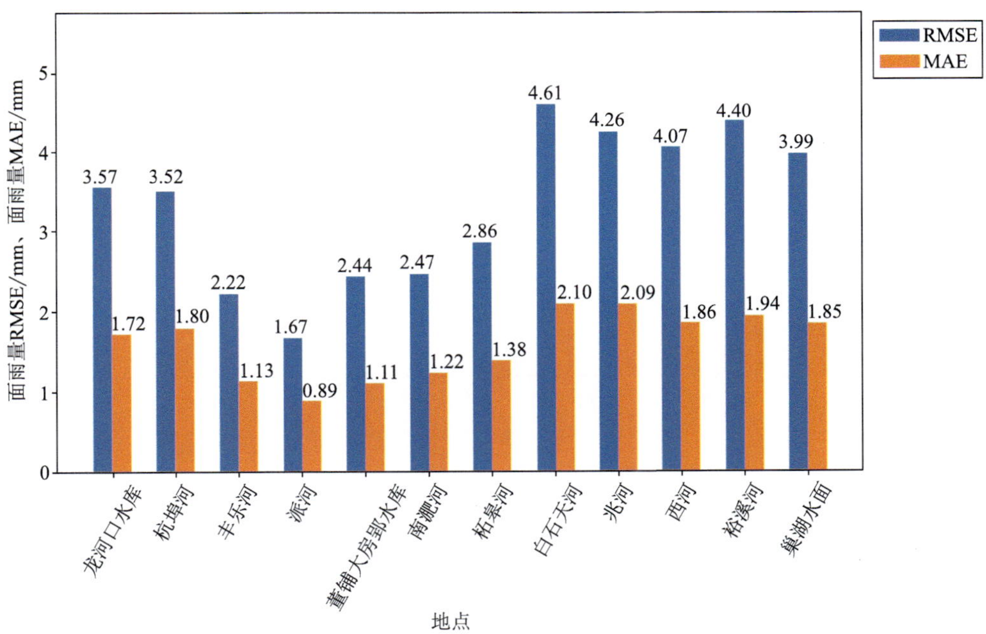

图 4.7　7 月 25 日 08 时—28 日 08 时 MQPF 累积 2 h 产品与实测数据对比结果

评分介于 0.36～0.64(图 4.8)。累积 2 h 面雨量 3 mm 阈值以上各子流域的 TS 评分介于 0.23～0.53(图 4.9)。累积 2 h 面雨量 5 mm 阈值以上介于 0.27～0.55(图 4.10)。10 mm 阈值以上面雨量的 TS 评分(龙河口水库、杭埠河、派河、董铺大房郢水库、南淝河、白石天河、兆河、西河和裕溪河)介于 0.14～0.60(图 4.11)。本次降水过程 10 mm 以上面雨量较少,故部分子流域 10 mm 阈值以上没有 TS 评分。

与逐小时雨量 10 mm 阈值预报的平均 TS 不同,累积 2 h 的平均 TS 评分最低(0.27),其

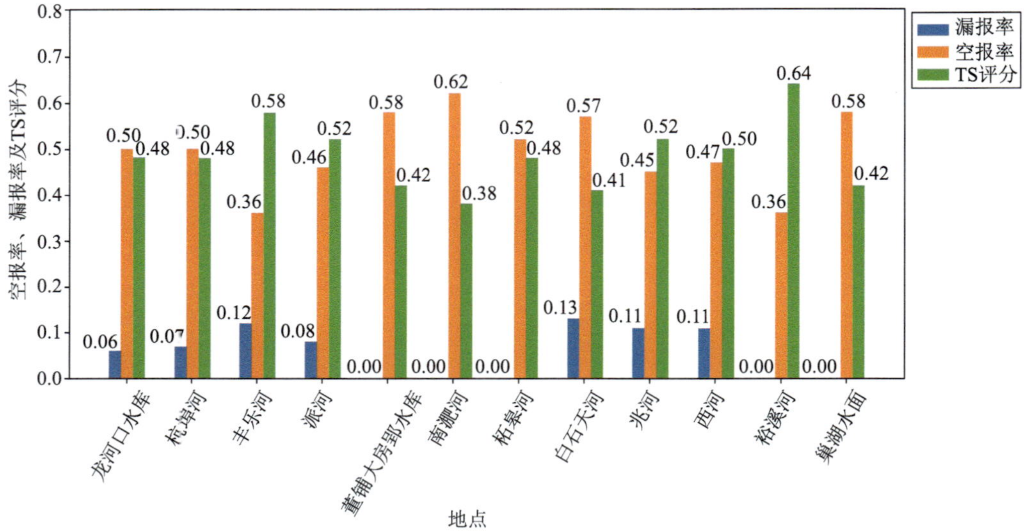

图 4.8　7 月 25 日 08 时—28 日 08 时 MQPF 累积 2 h 1 mm 阈值以上产品与实测数据对比检验结果

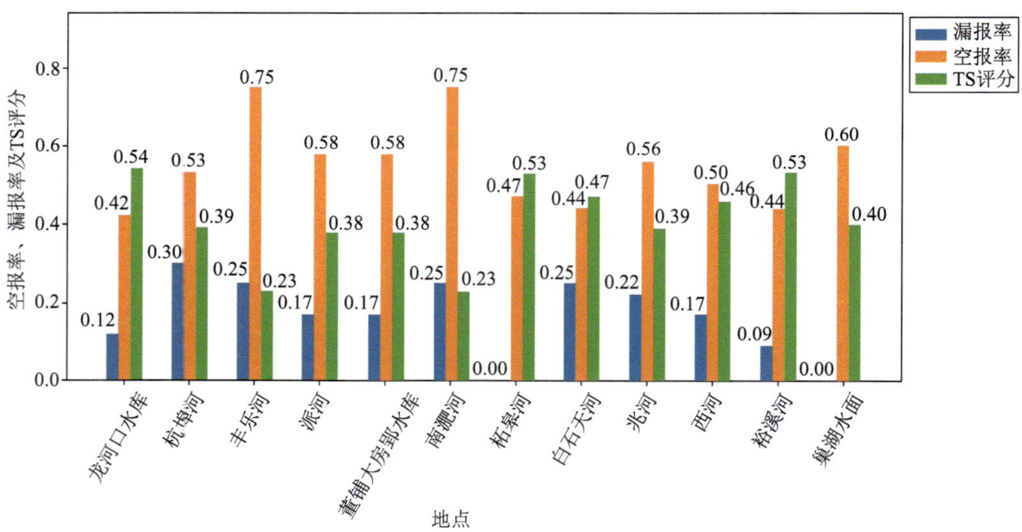

图 4.9　7 月 25 日 08 时—28 日 08 时 MQPF 累积 2 h 3 mm 阈值以上产品与实测数据对比检验结果

他几个按大小所排顺序为：1 mm 阈值(0.48)>3 mm 阈值(0.42)＝5 mm 阈值(0.42)。与逐小时的 1 mm(0.46)、3 mm(0.40)、5 mm(0.35)和 10 mm(0.18)阈值相比，除 10 mm 外，逐小时各阈值面雨量的平均 TS 评分均低于累积 2 h。这可能与方法中空报率高的原因相同，因为增加了降水的预报，从而使得雨量更大的 2 mm 降水的预报效果更好。

空报率明显高于漏报率的结果与逐小时产品的检验结果相同。累积 2 h 雨量在 3 mm 阈值的漏报率高于逐小时产品的漏报率。与逐小时产品检验结果相同，漏报主要集中在 1 mm 阈值的西河和丰乐河流域，3 mm 的丰乐河、杭埠河、兆河、白石天河和柘皋河流域，5 mm 阈值的兆河、西河和裕溪河。

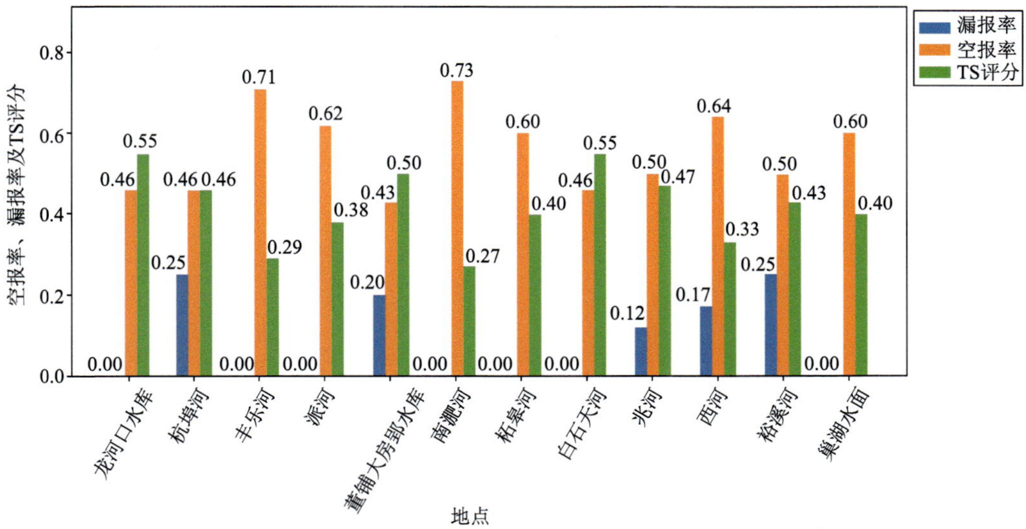

图 4.10　7 月 25 日 08 时—28 日 08 时 MQPF 累积 2 h 5 mm 阈值以上产品与实测数据对比检验结果

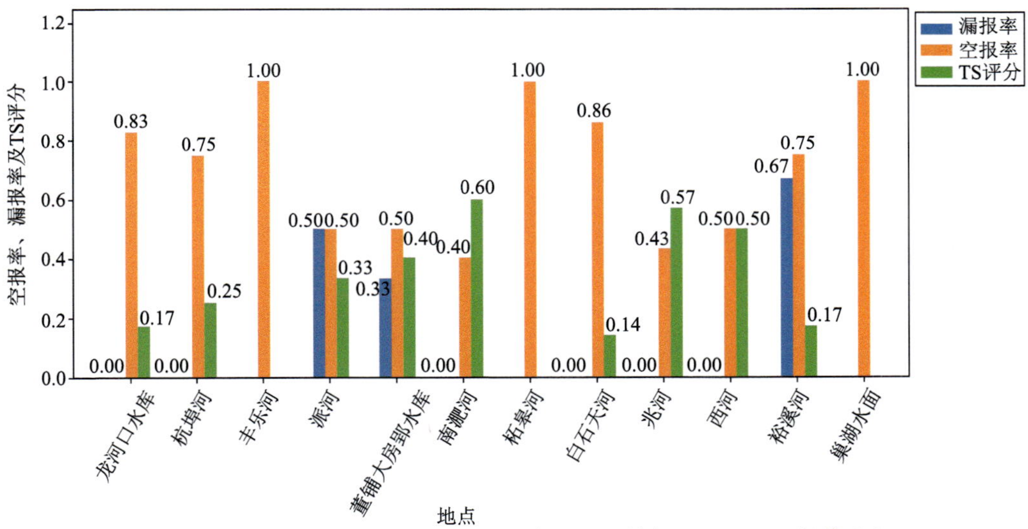

图 4.11　7 月 25 日 08 时—28 日 08 时 MQPF 累积 2 h 10 mm 阈值以上产品与实测数据对比检验结果

4.3　结论

本研究利用全国雷达分钟降水预报系统对 2020 年 7 月 25—28 日巢湖及其子流域的面雨量进行了估算，为流域面雨量的估算提供了新的方法。通过实况数据的检验，发现预报结果良好，并得到如下结论：

(1)从区域性来看，分钟降水产品对巢湖北部子流域的预报效果优于巢湖南部的预报效果；

(2)从不同时长对比来看,累积 2 h 降雨产品在 1 mm、3 mm 和 5 mm 量级的 TS 评分均高于逐小时预报产品;

(3)从不同降水量级阈值来看,1 mm 量级的平均 TS 评分最高、预报效果最好,3 mm 和 5 mm 次之,10 mm 最差;

(4)空报率高于漏报率,空报率基本在 0.5 以上。漏报大部分为零,漏报主要集中在 1 mm 阈值的西河和丰乐河流域,3 mm 的丰乐河、杭埠河、兆河、白石天河和柘皋河流域,5 mm 阈值的兆河、西河和裕溪河流域。

第5章 分钟降水的优化改进

5.1 基于 UNet 算法的 MetNow-Radar 雷达回波外推模型

本项目建立了 MetNow-Radar 模型，根据过去 2 h 内的雷达回波图像数据预测未来 2 h 的雷达回波图像变化，并提交未来 30 min、60 min、90 min 和 120 min 的雷达回波图像数据（图 5.1）。本方法获得了 2020 年华为云杯强降水外推算法大赛第一名，在全国 142 支参赛队伍中获得最高的预报评分。

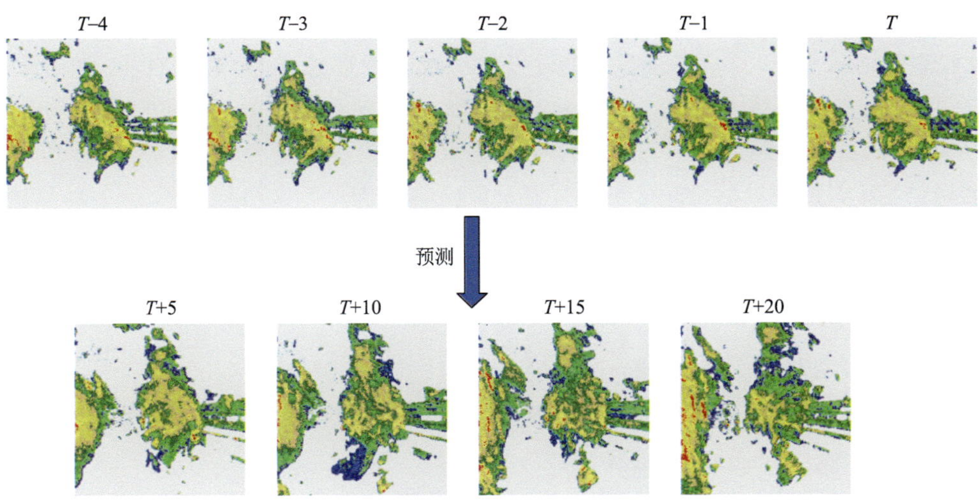

图 5.1 MetNow-Radar 算法预期实现任务

5.1.1 数据

初期所用数据为每个样本覆盖时长为 4 h 雷达数据，时间间隔为 6 min，共 41 个时次。雷达数据样本水平分辨率为 0.01°（约 1 km）。雷达回波格点数据经过质量控制。经过处理最终生成了 20000 组左右的数据样本。

为了优化效果，需要对数据进行处理。采用数据增强及针对数据集本身的特点进行相应处理，可以增大训练集的理论数量，提高模型的泛化能力和学习效果。故而将对数据进行如下处理。

5.1.1.1 数据增强

合适的数据增强技术可以通过创造大量的符合实际数据分布，以及不损害实际数据关键特征的虚拟数据，模型使用真实数据及随机创造出来的虚拟数据可以有效抵抗过拟合的影响，模型训练过程中使用了如下数据增强技术。

(1)ShiftScaleRotate：经过实验发现通过对输入雷达图像进行随机平移、缩放、旋转，生成多个与原始数据相近但又不同的数据，可以提高模型分数。

(2)Flip：对图像进行随机水平、垂直方向上翻转，未验证其效果，通常都会添加的数据增强策略。

(3)Elastic deformation：对图像进行弹性变形，通过实验发现该操作会损害模型效果。

5.1.1.2 减少输入图像数量，扩充训练集

由于离当前时刻比较近的回波图对于预测未来20个时次的回波图提供的信息要大于离当前时刻比较远的回波图，因此，模型在输入的回波图像数量达到一定程度后，输入更多的回波图像也不会让模型预测效果明显变好。那么，如何确定在输入多少个时次后模型效果达到一个相对较优的状态？

首先，以21个时次图像作为输入，预测未来20个时次，训练好一个基础模型。然后，以从前到后的顺序逐步将21个输入时次的输入图像全部置为0，并记录每个时次数据置为0后模型在验证集上的效果变化，经过实验将前11张图像置为0后，模型在验证集上的效果没有明显变差，即模型只需要输入10张图像就可以达到输入21张图像相近的效果。

由于只需要10张输入图像就可以达到相对较优的效果，因此要预测未来20个时次的回波图像只需要20+10=30张回波图片就可以组织成一个训练样本，对于有41张回波图像的训练集，可以用一个30大小的窗口，在一个长度为41的序列上进行滑动，这样可以得到41−30+1=12个内容相似但又不同的训练样本。对于只预测未来30 min回波图像的任务，只需要10+5=15张图像即可获得一个训练样本，在41长度的序列上可以生成41−15+1=27个训练样本，一定程度上增加了训练集的数量，让模型学到更多的知识。

5.1.2 研究方法

5.1.2.1 常规模型对比

(1)光流法：分数明显低于大部分实验的深度学习类模型，并不意味着光流法不好，而是其算法固定，无法根据学习任务做动态的调整。

(2)RCAN：明显低于其他模型，其最初是做超分辨率重建的，对外推任务不适用。

(3)ConvLSTM/ConvGRU：与UNet对比略低于UNet系列，未精调超参数，既不逊于UNet但无明显优势。

(4)UNet：①EfficientNet(最优模型)；②SE_ResNext：与EfficientNet对比略低于EfficientNet系列，未精调超参数，既不逊于EfficientNet但无明显优势。

选择使用语义分割模型UNet而不是看似更适用的类ConvLSTM模型，主要基于以下几点原因：①雷达回波的变化并不是只有通过水平移动(数据仅有一个高度的回波图)产生的，还有通过生消和上下移动的情况产生的回波变换，对应这类回波变换ConvLSTM对于UNet应该没有优势；②通过移动产生的回波变换，理论上ConvLSTM更有优势，但由于给定的图像地

理范围与预测地理范围一致，其对图像边缘的回波预测与 UNet 对比应该没有优势；③类 ConvLSTM 的 RNN 模型由于其递归结构导致其理论上训练和推理效率不如类 UNet 的语义分割模型；④考虑到 ConvLSTM 从理论上的优势适用范围比较小(图像居中区域，平移产生的变换，个人猜测)，同时 RNN 系列模型学习和推理速度均受模型架构影响，不如类似 UNet 的语义分割模型效率高，因此优先选择 UNet 作为实验基础模型。

5.1.2.2 模型构建

(1)RegModel 架构

RegModel 是解决方案中的基础模型，最终模型 RadarModel 由多个 RegModel 组成。RegModel 主要分为 Encoder、Decoder、RegHead 三部分，其中 Encoder、Decoder 合在一起形成用于语义分割的 UNet 网络架构，三部分的功能如下：

① Encoder 负责将输入的雷达图像数据(10 个时次)进行特征提取，其中 Encoder 可选的骨干网络有很多种，此处我们使用的是 EfficientNet 系列深度学习模型中的 b5 和 b7 两种模型；

② Decoder 负责将 Encoder 提取出的相关特征，从高级别特征到低级别特征逐层融合，最终对雷达反射率所属范围进行预测，其中 Decoder 的通道数可根据模型学习任务的难易进行调整；

③ RegHead 负责通过 Decoder 最后一层的输出进行学习对每个像素生成一个[0,1]区间的 factor，并结合 Decoder 对雷达反射率所属范围的预测结果，最终生成雷达反射率的预测结果。预测结果 y_{pred} 计算方法如下：

$$y_{pred} = \text{factor} \times (y_{max} - y_{min}) + y_{min} \tag{5.1}$$

式中，y_{max}，y_{min} 分别为模型结果最大值和最小值。

(2)MetNow-Radar 架构

最终模型 RadarModel 如图 5.2 所示，整个模型由 4 个 RegModel 模型组成，模型内容如下：

① 选择模型参数量大的 RegModel 模型对未来 20 个时次雷达反射率值进行预测；

② 针对比较重要的时次，选用模型参数量相对较小的 RegModel，进行单个重要时次雷达

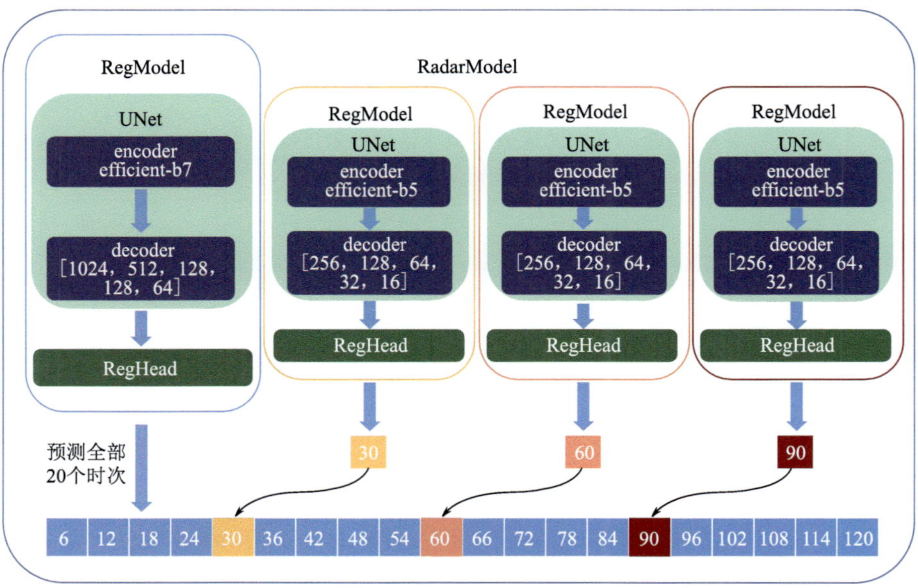

图 5.2 MetNow-Radar 架构

反射率的预测，未来 30 min、60 min、90 min 雷达反射率的预测分别由对应的 RegModel 进行；

③ 30 min 模型由 30 时次数据训练而来，所能使用的训练数据量最大，因此效果理论上相对较好；

④ 60 min、90 min 模型由 30 min 模型作为与训练模型，然后进行微调，最终得到 60 min 和 90 min 模型。

5.1.2.3 训练方法

选择 EfficientNet-b7 作为骨干网络的 Encoder，单卡无法训练（显存不足），采用双卡训练，同时将模型中的 BatchNorm 替换为 SyncBatchNorm 增加同批次样本数量，以增加 BatchNorm 在训练过程中参数估计方向的正确性。

即使采用双卡训练，仍然无法直接训练完整版，此处采取的方式是：首先，减少 Decoder 通道数，然后训练模型只预测第 30 min 回波图像，并保存训练结果；其次，利用 stage1 训练好模型的 Encoder 的权重，并增大 Decoder 的通道数，或者说增大 Decoder 的模型容量，然后冻结 Encoder 的权重，预测任务改成 2 h 20 个时次的输出，进行学习。

训练过程中使用如下几个方法来增加模型稳定性，提高迭代效率。

①在训练以 EfficientNet-b7 为骨干网络的 Encoder 时将模型中的 BatchNorm 替换为 SyncBatchNorm，并采用双卡训练，增加同批次样本数量，以增加 BatchNorm 在训练过程中参数估计方向的正确性，进而提高模型性能。②对于需要预测未来完整 20 个时次的大模型训练时，首先将其学习任务设置为预测未来第 30 分钟的回波图像，以获得较多的训练数据进行学习。然后，冻结其 Encoder 权重，并将其 Decoder 替换成通道数更多的，即参数量更大，学习能力更强的模型，进行重新训练，并以预测未来完整 20 个时次回波图为学习任务。这样可以减少模型对显卡的需求，并提高训练速度。③对于单时次预测模型，一般通过上一时次模型微调而来，由于更早的时次训练时可以使用的数据更多，理论上学习到的知识更多，从上一时次微调过来可以学到比直接训练该时次模型更多的信息，另一方面，微调所用的迭代次数相对较少，可以增加模型的迭代效率。

5.1.2.4 效果检验

通过表 5.1 的方法，可以对改进算法的结果进行相应的检验。

表 5.1 检验一对图片(包括一张真实雷达图和一张对应的预测雷达图)映射成多类别级联表

项目		真实类别(O_j)					汇总
	i,j	1[0,20]	2(20,30]	3(30,40]	4(40,50]	5(50,80]	
预测类别(F_i)	1[0,20]	$n(F_1,O_1)$	$n(F_1,O_2)$	$n(F_1,O_3)$	$n(F_1,O_4)$	$n(F_1,O_5)$	$N(F_1)$
	2(20,30]	$n(F_2,O_1)$	$n(F_2,O_2)$	$n(F_2,O_3)$	$n(F_2,O_4)$	$n(F_2,O_5)$	$N(F_2)$
	3(30,40]	$n(F_3,O_1)$	$n(F_3,O_2)$	$n(F_3,O_3)$	$n(F_3,O_4)$	$n(F_3,O_5)$	$N(F_3)$
	4(40,50]	$n(F_4,O_1)$	$n(F_4,O_2)$	$n(F_4,O_3)$	$n(F_4,O_4)$	$n(F_4,O_5)$	$N(F_4)$
	5(50,80]	$n(F_5,O_1)$	$n(F_5,O_2)$	$n(F_5,O_3)$	$n(F_5,O_4)$	$n(F_5,O_5)$	$N(F_5)$
汇总		$N(O_1)$	$N(O_2)$	$N(O_3)$	$N(O_4)$	$N(O_5)$	N

注：预测图片和实际图片中的有效预测数值将以 20，30，40，50 为阈值划分为 5 个类别，其中：类别 1 对应取值区间为[0，20]；类别 2 对应取值区间为(20，30]；类别 3 对应取值区间为(30，40]；类别 4 对应取值区间为(40，50]；类别 5 对应取值区间为(50，80]；缺测值不计入评分。$n(F_i,O_j)$表示预测类别为 i 的像素点中真实类别为 j 的像素点总数，$N(F_i)$表示预测为类别 i 的像素点总数，$N(O_j)$表示真实类别为 j 的像素点总数，N 为像素点总数。

将根据上述级联表采用 Heidke Skill Score(HSS)指标对单张预测图片进行评分，所有预测图片的总分视为最终得分。考虑到不同预报时效和降雨强度的预测难度，检验将对评分进行权重调整，预报时间间隔越长、降雨越强，则权重越高(比如未来 120 min 的预报数据权重高于未来 90 min 的预报数据，称为预报时间间隔权重；强降雨数据权重高于弱降雨数据权重，称为降雨强度权重)。

单张预测图片的评分公式如下：

$$\mathrm{HSS}=\frac{\dfrac{1}{N}\sum_{j=1}^{K}n(F_j,O_j)\times w_j-\dfrac{1}{N^2}\sum_{j=1}^{K}N(F_j)N(O_j)\times w_j}{1-\dfrac{1}{N^2}\sum_{j=1}^{K}N(F_j)N(O_j)\times w_j} \tag{5.2}$$

式中，w_j 表示第 j 个分类的权重，即降雨强度权重；K 为类别总数。

总评分公式如下：

$$\mathrm{HSS}_{\mathrm{total}}=\sum_{i=1}^{M}\mathrm{HSS}_i\times w'_i \tag{5.3}$$

式中，M 表示总图片数量；w'_i 表示第 i 张预测图片对应时段的权重，即预报时间间隔权重)。

经过对未来 30 min、60 min、90 min 和 120 min 数据，近 7000 个样本进行检验，以 HSS 结果衡量，其评分可以达到 0.112，以雷达回波(dBZ)衡量，改进算法在之前误差为 3～5 dBZ 的基础上，将误差值缩小到 2.5～4.3 dBZ 范围内(图 5.3、图 5.4)。

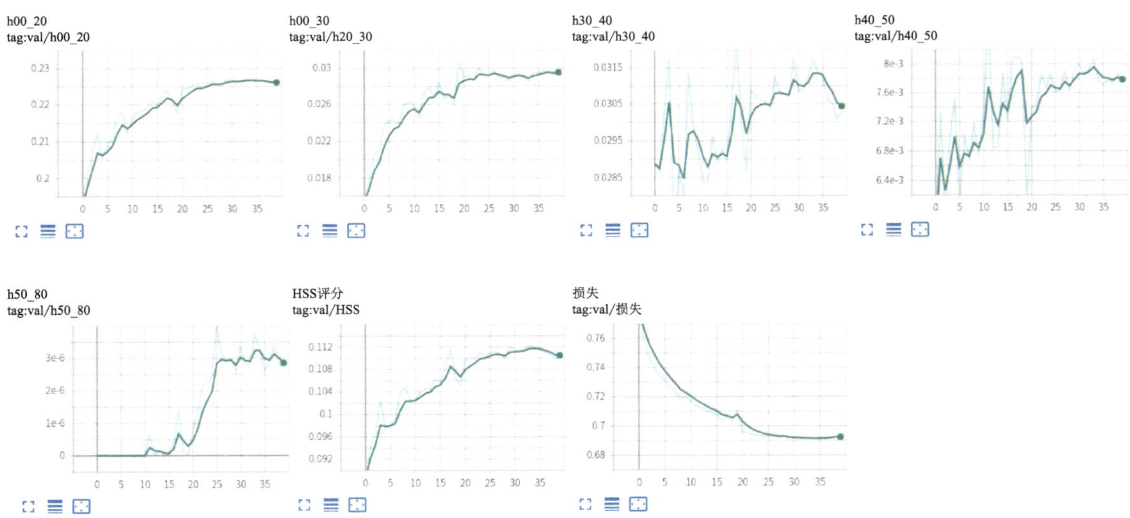

图 5.3　部分检验结果(模型训练过程的评分变化)
纵坐标为 HSS 评分，横坐标为完整两遍数据集的过程(Epoch)

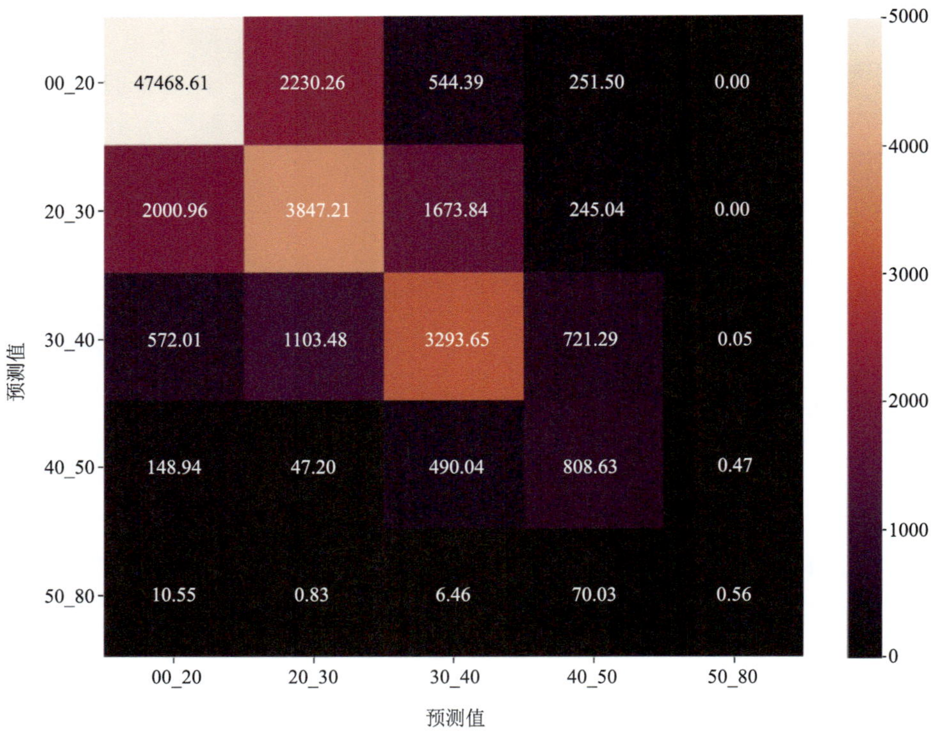

图 5.4　其中一次训练过程的混淆矩阵结果

5.2　基于改进型光流外推方法的对比与检验

从目前天气雷达回波外推方法对比结果看，光流法外推分数明显低于大部分实验的深度学习类模型，但深度学习模型训练成本大且计算时间长，全国天气雷达观测更新频次为 6 min，从地质灾害短临预警的角度看，光流法外推因其计算迅速可以满足实际需求，故本研究从风场反演模型和光流外推模型方面进行多模型对比检验，通过未来 2 h 回波外推检验评分最优来评估。

取中国气象局公共气象服务中心业务上输出的全国天气雷达分钟降水 NetCDF 文件，选取测试区域，范围为 [114,123,29,35]，像素为 600×900，切出区域，进行风场追踪和降水外推。采用多项检验指标进行评分。

在外推方面分成 2 种方案：①直接利用定量降水估计（QPE）来外推；②将 CAPPI 转换为 QPE，再来外推，该方法等同于利用回波来外推。

5.2.1　方法

5.2.1.1　风场追踪方法

选取主流的 4 种风场估算方法：①光流法；②VETS 方法；③DARTS 方法；④proesmans 方法。

5.2.1.2 外推方法

选取目前国际上常用的 4 种外推方法：①传统的线性外推 Extrop 方法；②Sprog 外推方法；③Anvil 外推方法；④Steps 外推方法。其中 Sprog、Anvil 和 Steps 可以考虑天气雷达回波的生消特点。

5.2.1.3 检验指标

选取 24 个指标来对外推降水进行检验(表 5.2)。外推的降水作为预报值，实际的天气雷达分钟降水拼图作为真值。

表 5.2 分钟降水外推预报检验指标

检验指标	物理意义
ACC	准确率
BIAS	频率偏移
CSI	关键成功指数
ETS	公平技巧评分
$F1$	精确度和敏感度的调和平均值
FA	误报率
FAR	空报率
GSS	Gilbert 评分
HK	HK 评分
HSS	HSS 评分
MCC	Matthews 相关系数
POD	检测概率
SEDI	对称极值依赖指数
beta1	β_1 线性回归斜率
beta2	β_2 线性回归斜率
corr_p	皮尔逊相关系数
corr_s *	斯皮尔曼相关系数
DRMSE	去偏均方根误差
MAE	平均绝对误差
ME	平均误差
MSE	均方误差
NMSE	归一化均方误差
RMSE	均方根误差
RV	方差减少
scatter *	加权累积误差分布的 16%和 84%百分位数之间距离的一半

5.2.2 结果分析

(1)回波外推与降水外推的对比

从目前看，将 CAPPI 转换为 QPE，然后进行风场追踪，之后再进行外推预报，要好于直接利用 QPE 来外推。

(2)风场追踪的对比

在风场追踪方面，proesmans 方法有领先优势，其次是 DARTS 方法，最后是 VETS 方法，光流法追踪的风场效果相对最低。

(3)外推方法的对比

在外推方面，Steps 外推方法具有明显的优势，其次是 Sprog 方法。Anvil 方法非常不稳定，受不同输入的风场影响非常大，相较而言，线性外推比 Anvil 方法稳定。Anvil 的优势在于能保持降水落区的细节特征，而 Steps 和 Sprog 则对细节部分进行了过滤。

(4)生消预测性能

Steps、Sprog 和 Anvil 均预测了回波的生消，其中 Steps 预测的效果最好。Extrapolation (Extrop)法作为线性外推，不能反映回波强度在时间上的变化。

基于光流风场的外推(图 5.5)：Anvil 错误地预测了西部降水强度的增强，也错误地预测了西部回波的快速减弱。Steps 和 Sprog 的得分要高于线性外推。

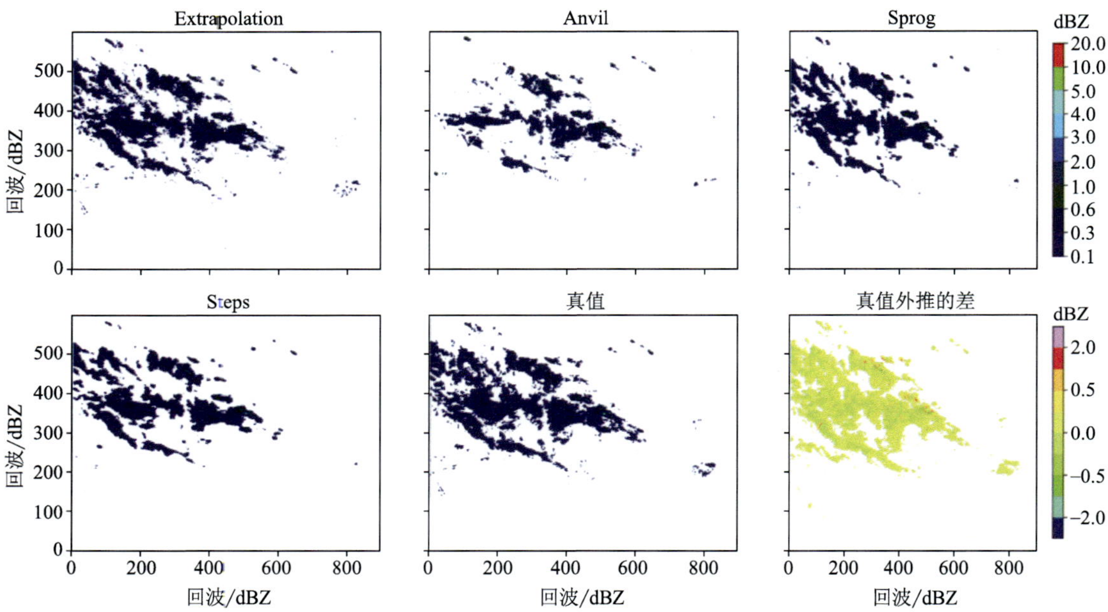

图 5.5 基于光流风场的外推

基于 VETS 风场的外推(图 5.6)：Anvil 错误地预测了西北部降水强度的增强，也错误地预测了其他地区降水的快速减弱。Steps 和 Sprog 的得分要高于线性外推。

基于 DARTS 风场的外推(图 5.7)：Anvil 整体有很大改进，但局部弱降水区域随差时间推移预报结果有跳动。Steps 和 Sprog 的得分要高于线性外推。

基于 proesmans 风场的外推(图 5.8)：Anvil 错误地预测了有杂波地区降水强度的增强。Steps 和 Sprog 的得分要高于线性外推，对杂波有非常强的抗干扰能力。

5.2.3 计算效率分析

在风场追踪方面，光流法计算风场速度最快，其次是 DARTS 方法、proesmans 方法，最慢是 VETS 方法(表 5.3)。在降水外推方面，传统线性外推的 Extrop 方法最快，其次是 Sprog 方法和 Anvil 方法，Steps 方法最慢(表 5.4)。

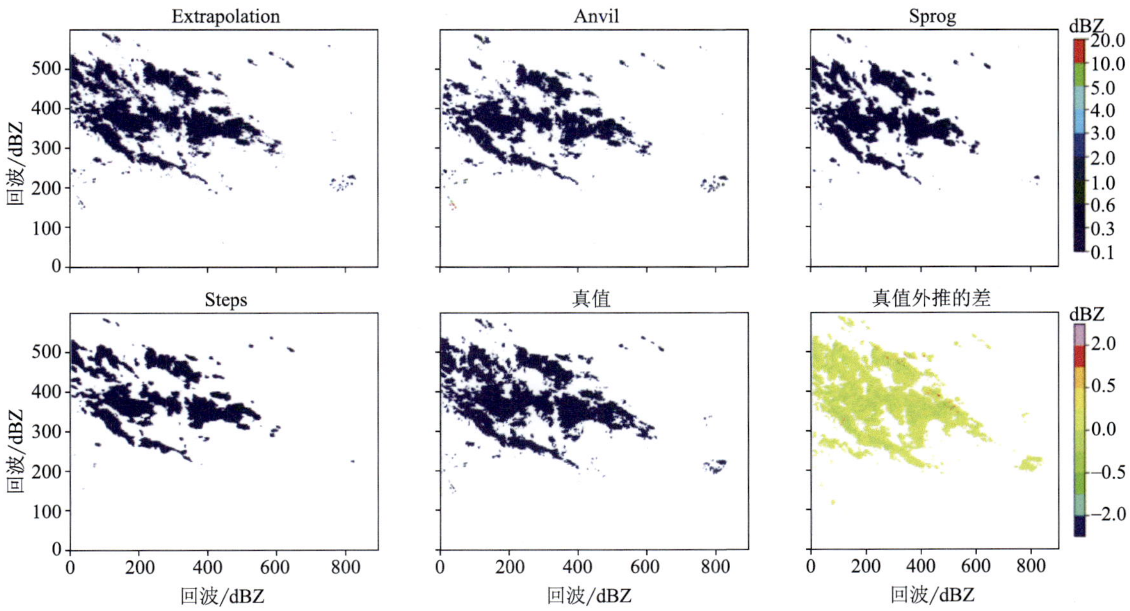

图 5.6　基于 VETS 风场的外推

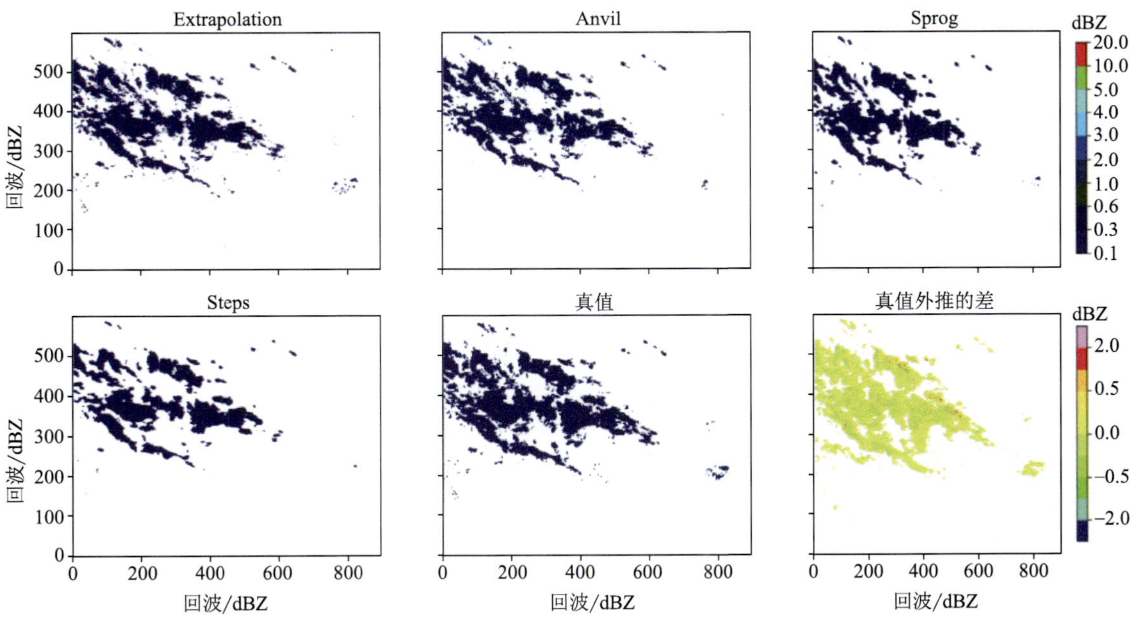

图 5.7　基于 DARTS 风场的外推

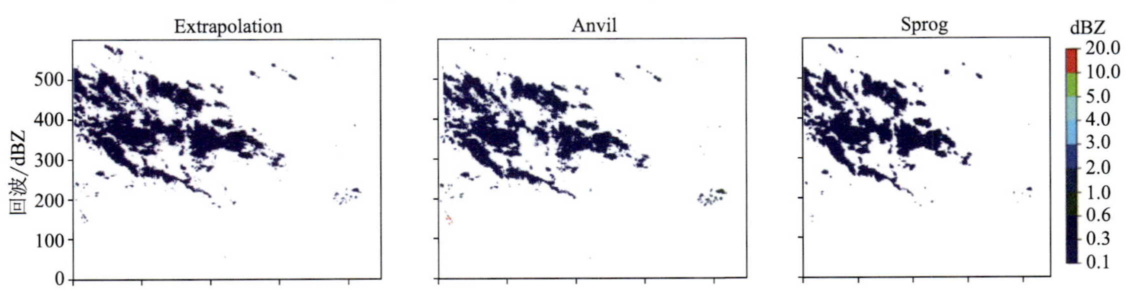

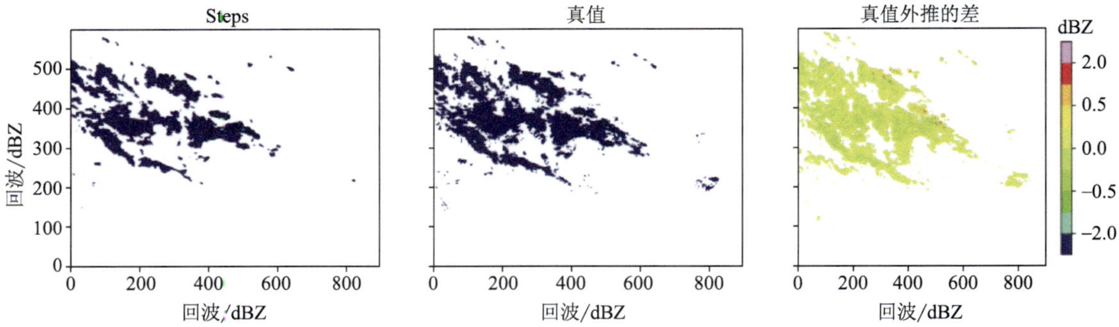

图 5.8　基于 proesmans 风场的外推

表 5.3　风场追踪时间消耗

方法	光流	VETS	DARTS	proesmans
时间/s	3.96	43.92	2.27	10.884

表 5.4　外推时间消耗(外推 6 个时次)

方法	Extrop	Sprog	Anvil	Steps
时间/s	0.75	3.74	10.95	61.52

从风场性能上看，proesmans＞DARTS＞VETS＞光流；从时间上看，DARTS＞光流＞proesmans＞VETS。

从外推性能上看，Steps＞Sprog＞Anvil＞Extrop；从时间上看，Extrop＞Sprog＞Anvil＞Steps。

总体上看，考虑到计算时间，选用 DARTS 或 proesmans 方法进行风场估算，然后再选择 Anvil 或 Sprog 方法来进行外推。

5.2.4　检验评分

5.2.4.1　不同方法的检验结果

图 5.9 中，实线为利用回波外推的结果，虚线为利用降水外推的结果。横坐标共分为 4 段，分别是 Extrop、Sprog、Anvil 和 Steps 不同的外推方法。每种方法都外推了 6 个时次，5 min 间隔，预报未来 30 min。绿色、蓝色、黑色和红色分别表示光流、VETS、DARTS 和 proesmans 共 4 种风场反演。

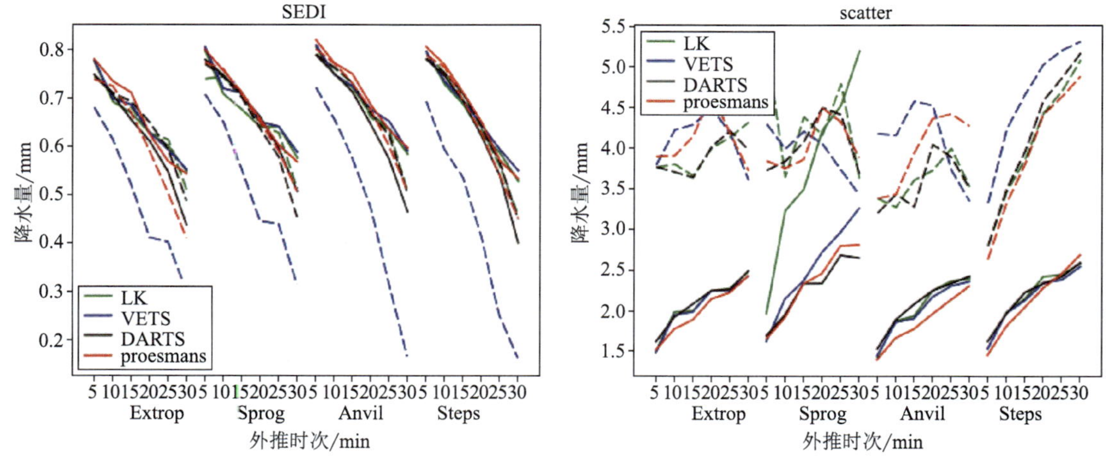

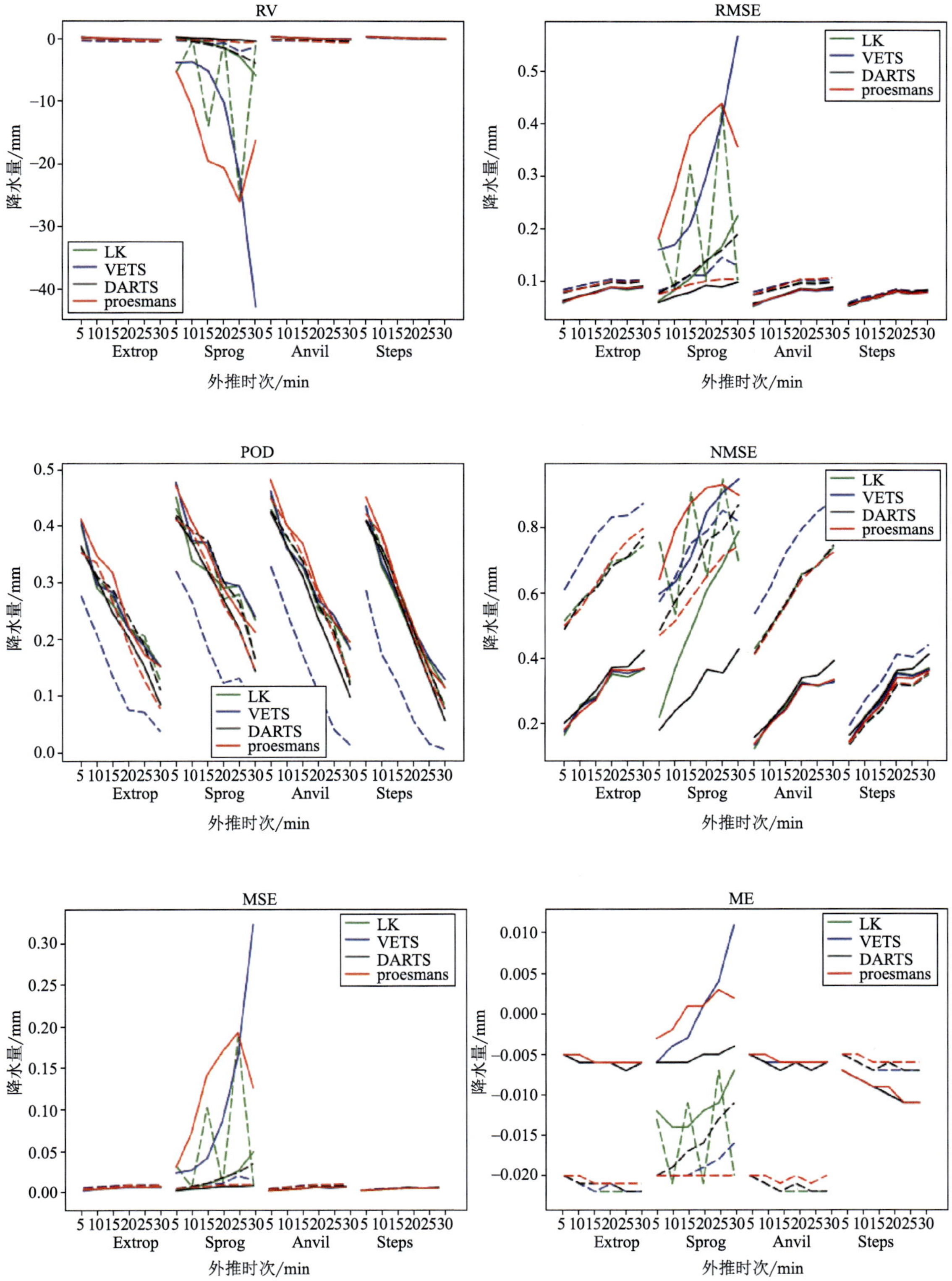
RV
RMSE
POD
NMSE
MSE
ME
LK
VETS
DARTS
proesmans
降水量/mm
5 10 15 20 25 30
Extrop
Sprog
Anvil
Steps
外推时次/min

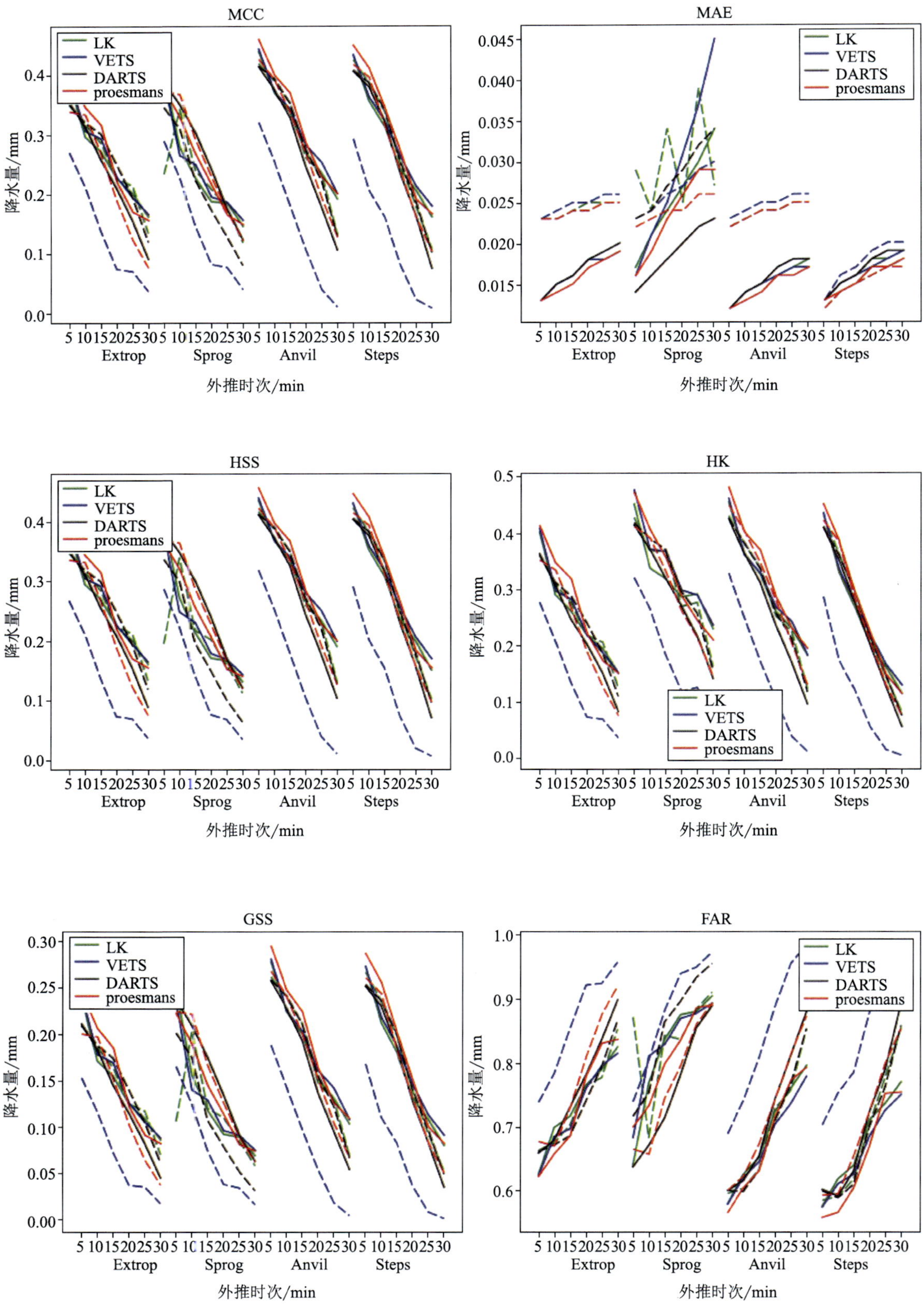
MCC
MAE
HSS
HK
GSS
FAR
LK
VETS
DARTS
proesmans
降水量/mm
Extrop
Sprog
Anvil
Steps
外推时次/min

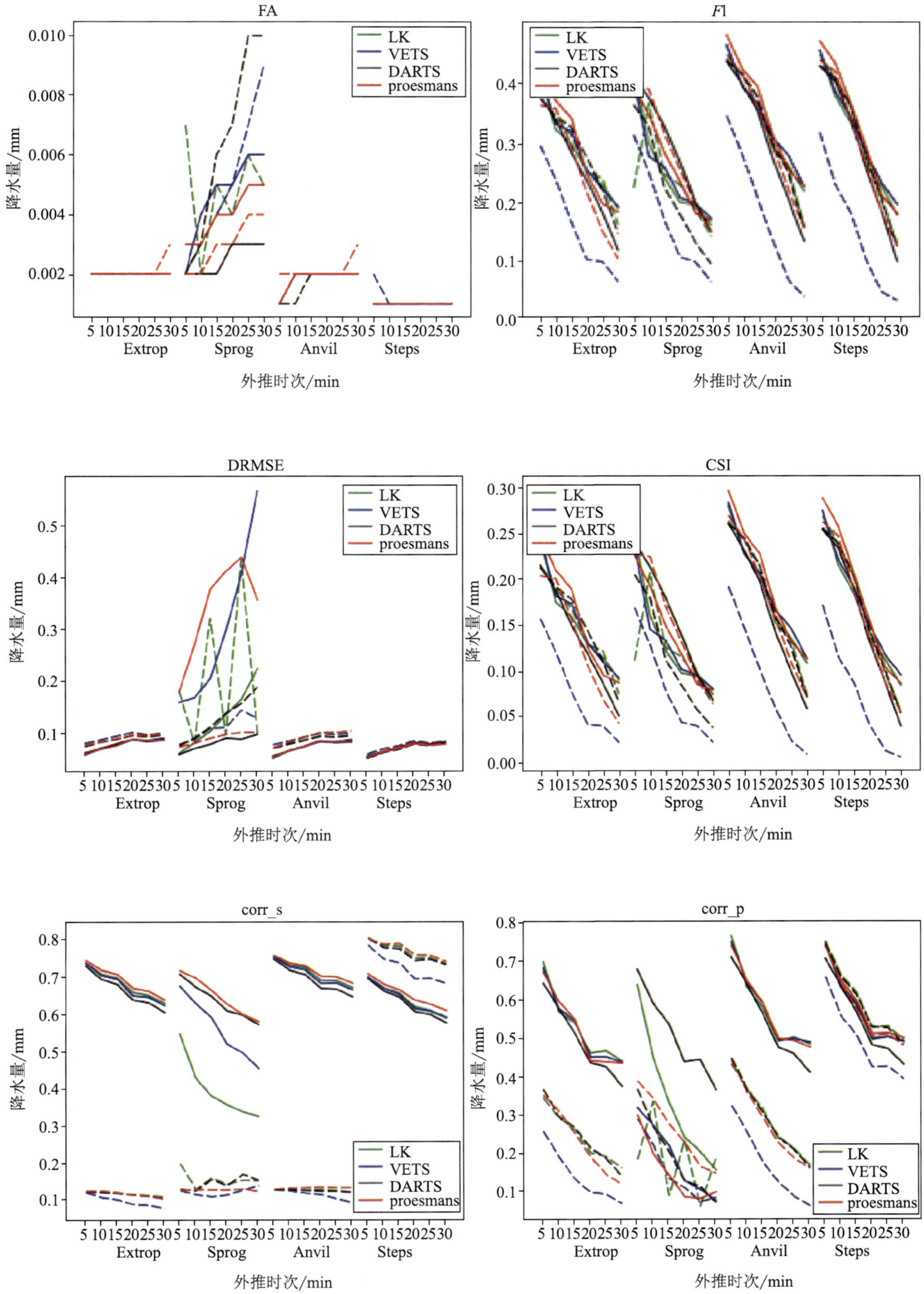
FA
F1
DRMSE
CSI
corr_s
corr_p
LK
VETS
DARTS
proesmans
降水量/mm
外推时次/min
Extrop
Sprog
Anvil
Steps

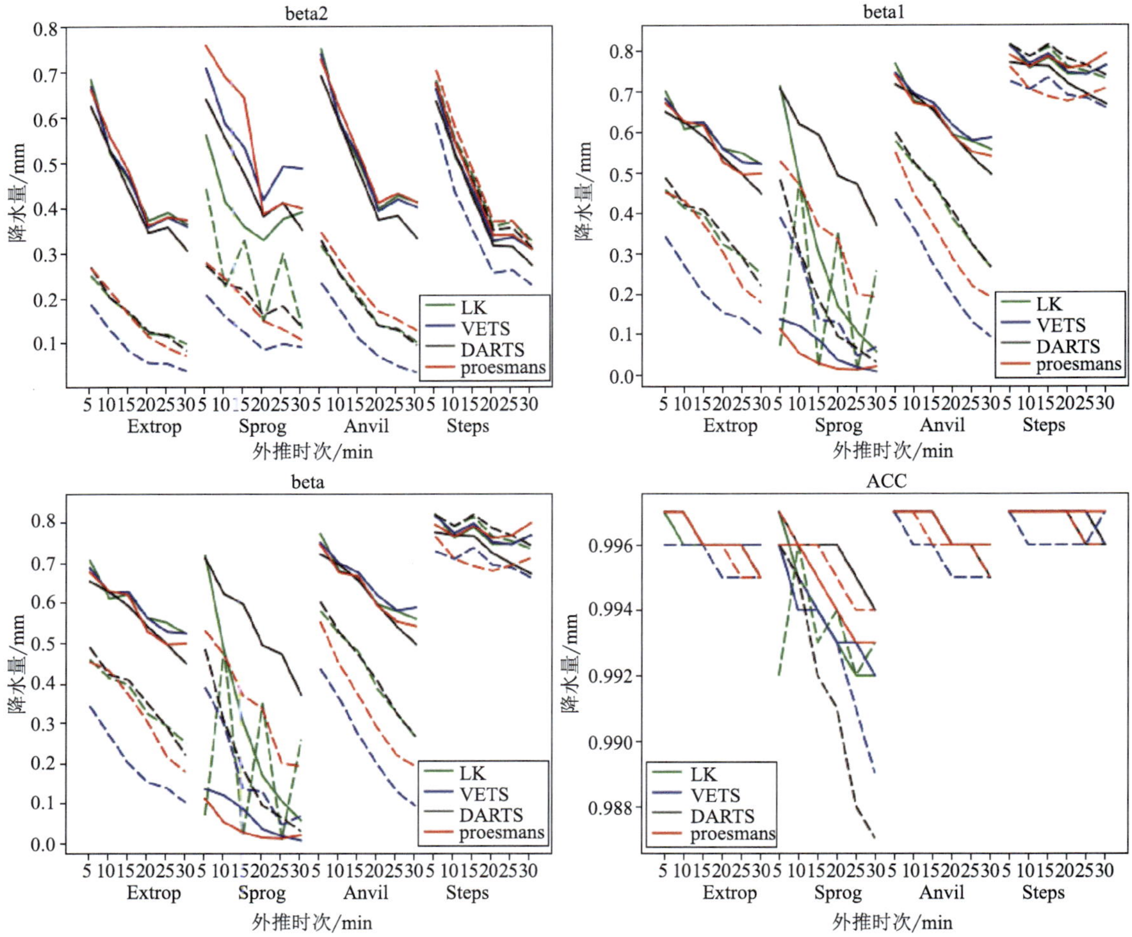

图 5.9 不同检验方法对比

风场反演方法：LK(光流法)、VETS、DARS、proesmans；外推方法：Extrop、Sprog、Anvil、Steps

从以上 24 个检验指标可以看出，基于回波的外推效果要明显好于基于降水的外推结果。不同的风场反演方法与外推方法的检验效果有较大差异。24 个因子检验的结果均存在不一致，表明每种检验方法体现了某个方面的外推特点，需要构建一个综合的检验指标。

5.3 天气雷达分钟降水产品滚动实时订正技术研究

5.3.1 技术路线

(1)结合分钟级降水产品特点，设计包含有漏报、空报信息的质量客观评价指标。

(2)选择 2017 年或 2018 年典型降水个例作为研究数据集，统计分钟降水产品质量情况，设计可视化图表展示并进行结果分析。

(3)研究分钟降水估计空间结构误差滚动实时订正算法，区分同一雷达体扫中不同回波单体，根据从 CIMISS 获取的实时地面降水观测数据，进行降水强度随空间变化回归分析，计算回波单体降水估计订正系数，从而订正降水估计空间结构误差。

（4）研究分钟降水估计时间结构误差滚动实时订正算法，根据从 CIMISS 获取的前 2 h 地面分钟降水观测历史数据，进行降水强度随时间变化回归分析，计算降水估计时间结构误差订正系数，从而订正降水估计时间结构误差。

（5）在研究数据集上，对本项目研发的分钟降水产品滚动实时订正技术方法进行性能评估，形成算法检验评分结论。

技术路线如图 5.10 所示。

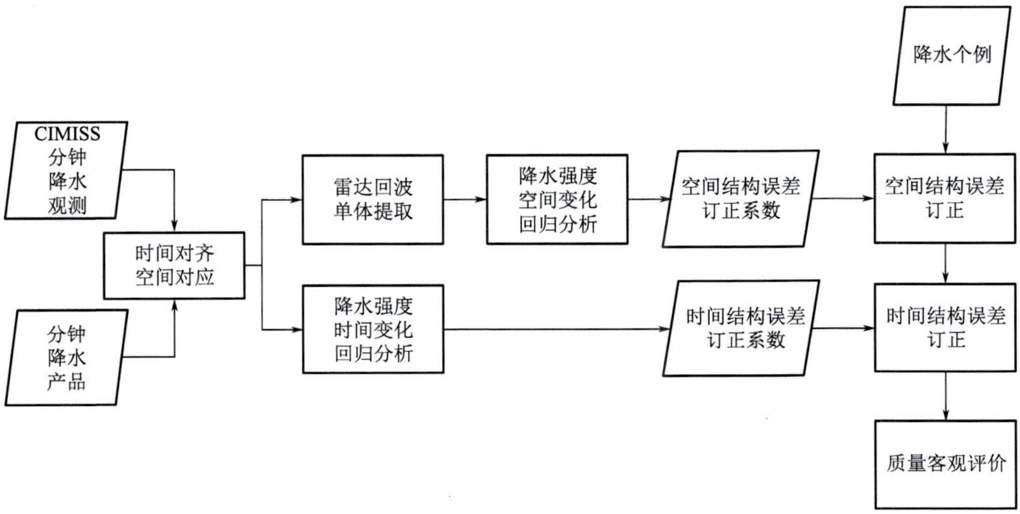

图 5.10　天气雷达分钟降水产品滚动实时订正技术

5.3.2　研究区域及数据

北京作为首都城市，人口密度大，服务需求大；尤其是短时强降水造成的山洪地质灾害、城市内涝等会对人民生命财产安全造成严重影响。从资料情况来看，北京雷达站 Z9010 基数据传输具有较好的实时性及完整性；北京雷达数据观测与接收时间偏差约为 60 s。北京市及周边地面分钟降水资料更新频率相对较快。延迟 5 min 可获取超过 97％地面观测数据。故选择北京雷达 Z9010 覆盖区域作为研究区域，数据选取 2018 年 1 月 1 日—12 月 31 日，地面雨量站点选取北京及周边 1268 个自动站。

5.3.3　关键技术及创新点

5.3.3.1　雷达回波单体提取

雷达回波单体提取是按单体进行滚动实时订正的基础。首先基于三维雷达回波特征对降水/非降水回波单体进行识别，然后再根据图像区域分割算法，对每个时次雷达体扫中的雷达单体进行识别，生成雷达回波单体数据结构，供接下来的误差订正使用。本节中所使用的雷达三维回波数据，已做过初步质量控制，但是受限于质量控制算法的性能，未能识别出全部非气象回波和晴空回波。

(1)基于三维雷达回波特征的降水/非降水回波单体识别技术

根据雷达三维回波特征，使用支持向量机(SVM)训练多分类器，生成点状不降水回波、片状不降水回波、晴空不降水回波、晴空与片状不降水回波、降水回波5类回波(图5.11)。

降水/非降水回波单体识别算法具体步骤如下。

① 选取一个月北京雷达三维回波数据作为算法研究数据集，对数据集中的数据，进行人工标注类别。

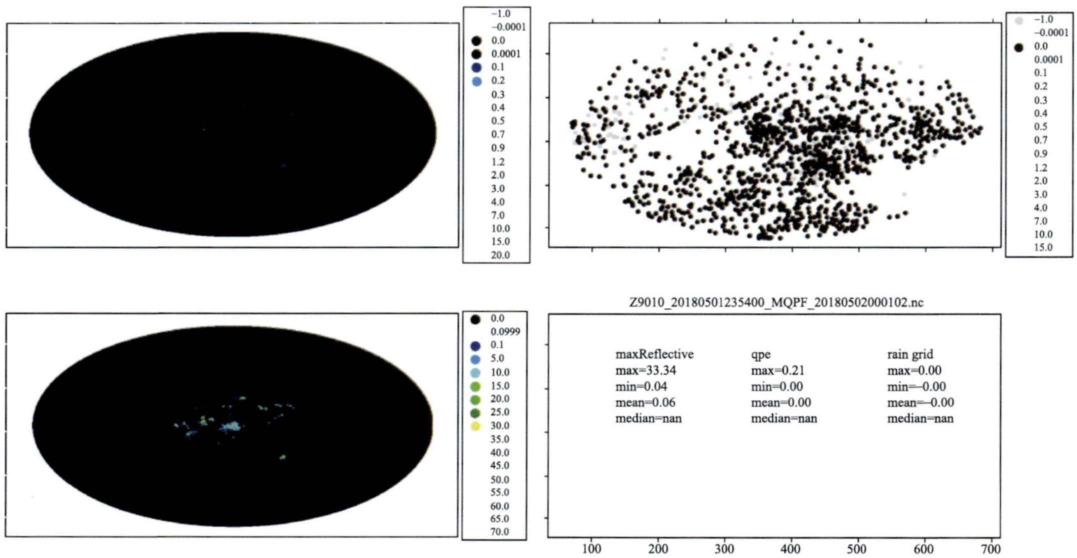

(a) 点状不降水回波

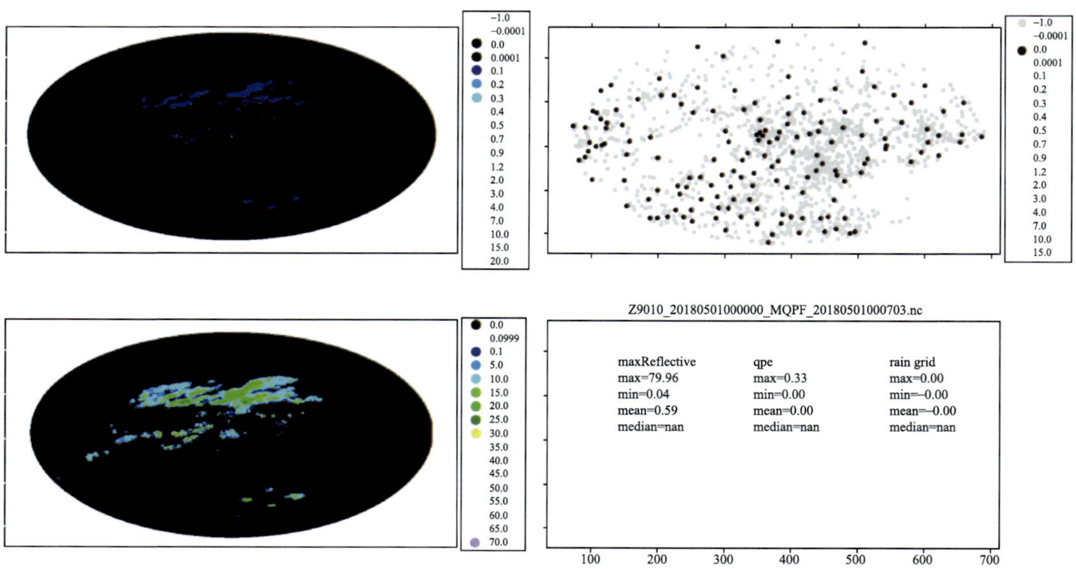

(b) 片状不降水回波

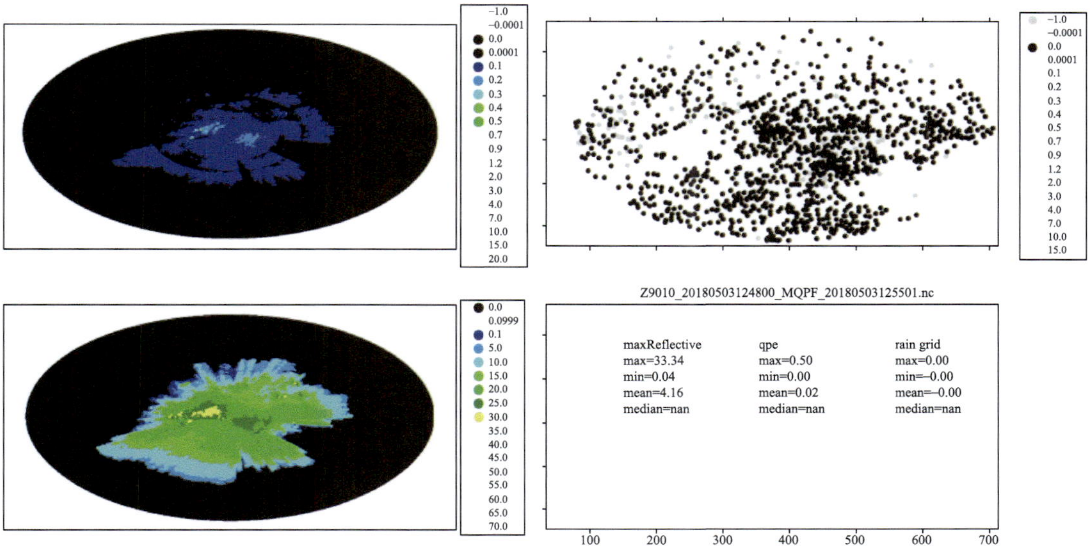

(c) 晴空不降水回波

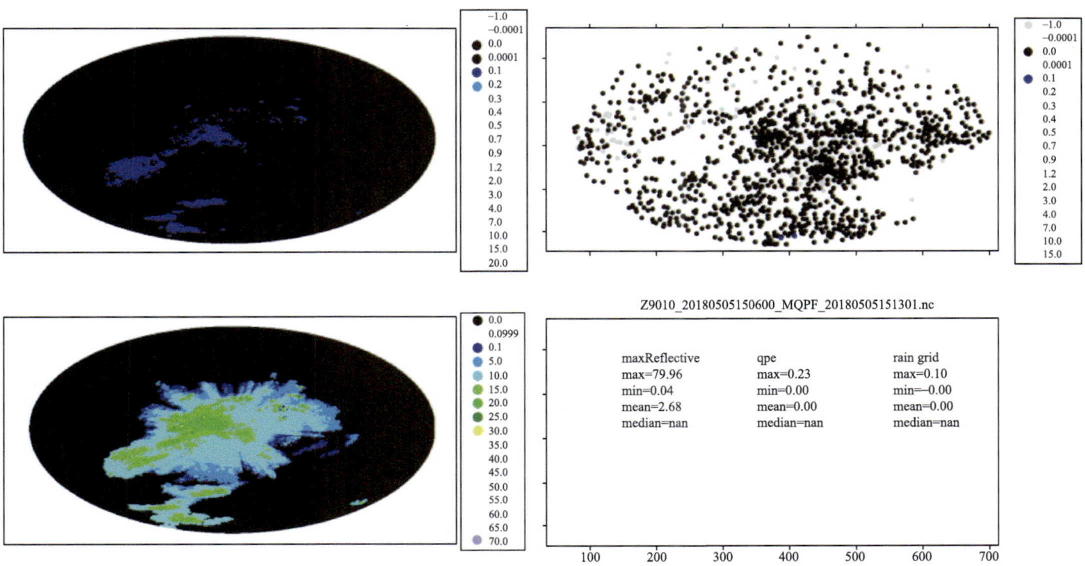

(d) 晴空与片状不降水回波

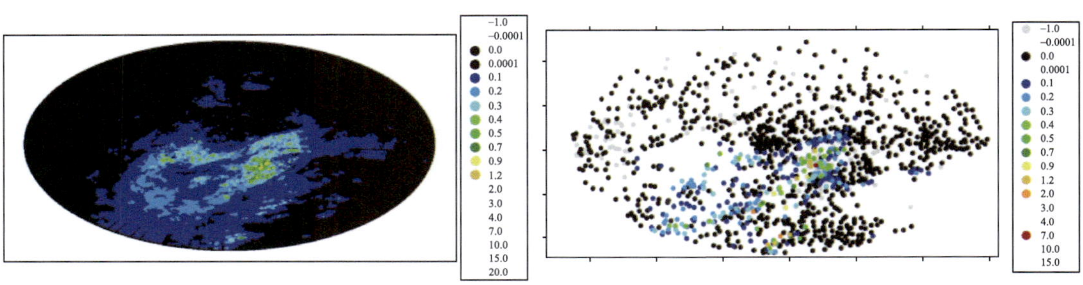

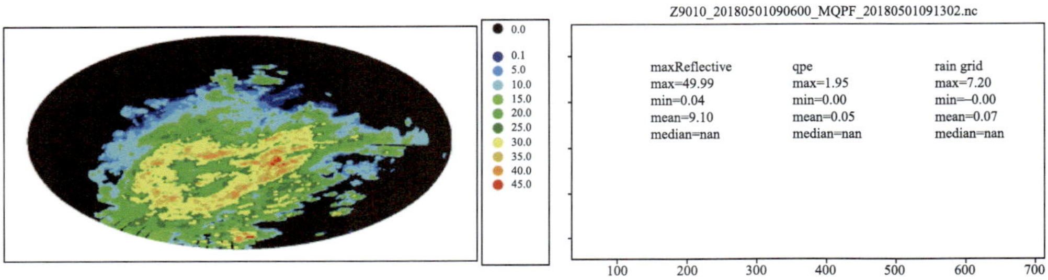

(e) 降水回波

图 5.11 5 类回波样例

(a)—(e)各样例图中左上图为分钟降水估计值;左下图为雷达回波组合反射率;右上图为站点降水观测值;右下图为相关统计信息

② 提取雷达回波数据特征,分别提取每层的雷达回波面积直方图和分级强度比特征。雷达回波面积直方图计算时,取三维回波中每层回波的单体区域格点数作为面积进行统计,本例中将直方图分组组距设置为[1,10,20,50,100,200,250,400,1000,2000,5000,10000,20000,50000,100000,200000,500000,10000000]。分级强度比计算时,按[0,10,20,25,40]作为回波分级强度,分别计算大于或等于该强度值的回波占整层体扫面积的比例。

特征维度 $N=N_{level}\times(N_{bin}+N_{ratio})$,其中 N_{level} 为三维雷达回波层级数,N_{bin} 为回波面积直方图分组数,N_{ratio} 为强度分级数。本例中 $N_{level}=21$,$N_{bin}=17$,$N_{ratio}=5$,则特征维度 $N=462$。

样本数据预处理。由于强度比中包含除法运算,当有效回波面积为 0 时,各强度比数据皆为 NaN,为方便处理,统一设置为−1。将样本数据随机分为训练样本和检验样本,其中训练样本数占 2/3,检验样本数占 1/3。

使用支持向量机(SVM)算法进行多分类器训练(本例中有 5 类)。多分类器的训练使用一对一法(one-vs-one),本例中的 5 类共需要设计 5×(5−1)/2=10 个 SVM 分类器,在样本预测时通过投票的方式确认得票最多的类别即为预测类别。对模型结果在测试集上进行验证,结果表明训练的多分类器区分降水回波及不同种类的非降水回波,算法分类准确率为 87.9%。

(2)基于区域分割的雷达单体识别技术

根据雷达回波单体空间邻接的特性,基于图像处理中的区域分割技术,对雷达单体进行识别。具体计算步骤如下。

根据阈值对回波值进行分类。设定 4 个阈值。

T1=10 dBZ,代表以非气象回波为主的不降水回波阈值;

T2=20 dBZ,代表有气象回波和非气象回波共存的回波阈值;

T3=30 dBZ,代表以气象回波为主,极有可能产生降水的回波阈值;

T4=40 dBZ,代表会产生降水的气象回波阈值。

对应 4 个区间(0,10],(10,20],(20,30],(30,80),将回波 dBZ 数据映射到对应区间上,并用阈值代替原回波值,其余大于 30 dBZ 的赋值为 40 dBZ。

进行均值滤波,平滑掉回波边缘及孤立点回波等。

使用区域标记算法对连通区域进行分割。通过八连通判断像素点的邻接关系。

生成分割的雷达单体数据结构。包括回波的分块信息及单体区域相关的属性信息。结果见图 5.12。

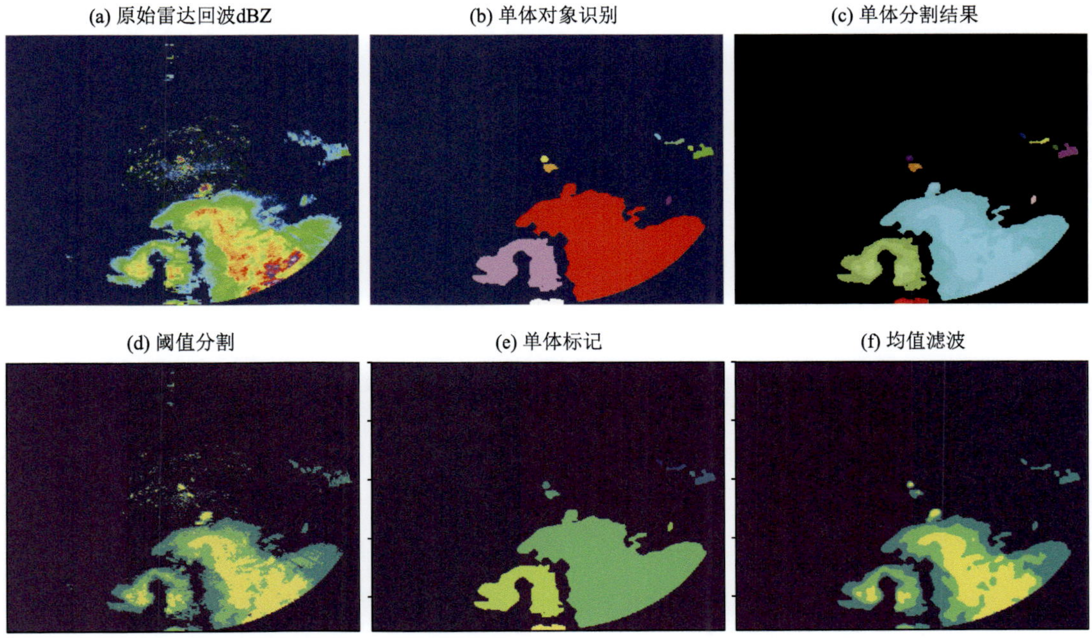

图 5.12　基于图像分割的雷达单体识别结果展示

5.3.3.2　基于线性插值的空间误差订正技术

基于线性插值的空间误差订正技术主要是在获取到地面自动站雨量数据后，可以根据雷达分钟降水与地面自动站雨量的差异，计算出站点上的降水估计误差，再通过线性插值将误差泛化到格点上。主要计算步骤如下。

(1)地面雨量站数据预处理

① 通过数据网站服务接口滚动延迟 3 h 获取过去 1 h 的分钟级地面降水历史数据，每分钟数据存储到一个文件中。

② 通过按站号匹配，将 1 h 内分钟降水归档到一个文件，其中小时内下载数据不全或者站点经纬度信息不能匹配的数据，在归档时进行丢弃，不放入归档后的小时降水文件中。

③ 根据指定雷达获取到地面站号信息，通过时间段、站号等信息，对文件及内容进行检索，获取到按站号为一行、按每分钟为一列的数组。

④ 按站号对数据进行累加，获取到每个站号对应的时间段内的雨量累加数据。

(2)实时数据接口处理

① 每 5 min 启动定时任务，获取过去 10 min 到过去 5 min 的分钟级降水观测数据，并存入 sqlite 数据库中。其中为了提高 sqlite 数据库的访问时效，使用 ramdisk 文件进行 sqlite 数据存储。

② 从 sqlite 中的数据，统计最新的 5 min 累加数据及最新的过去 2 h 累加数据，分别新建最新的数据表并把数据存入表中。

③ 清理掉数据库中存储超过 3 h 的数据，并将数据文件备份到本地磁盘。

④ 后台每小时自动计算雷达-地面站点对应关系表，并存储到字典配置文件中。

⑤ 通过前端 web 接口，根据雷达编号和时间，获取到对应的站点降水累加信息，数据以 csv 格式保存。

订正效果如图 5.13 所示。

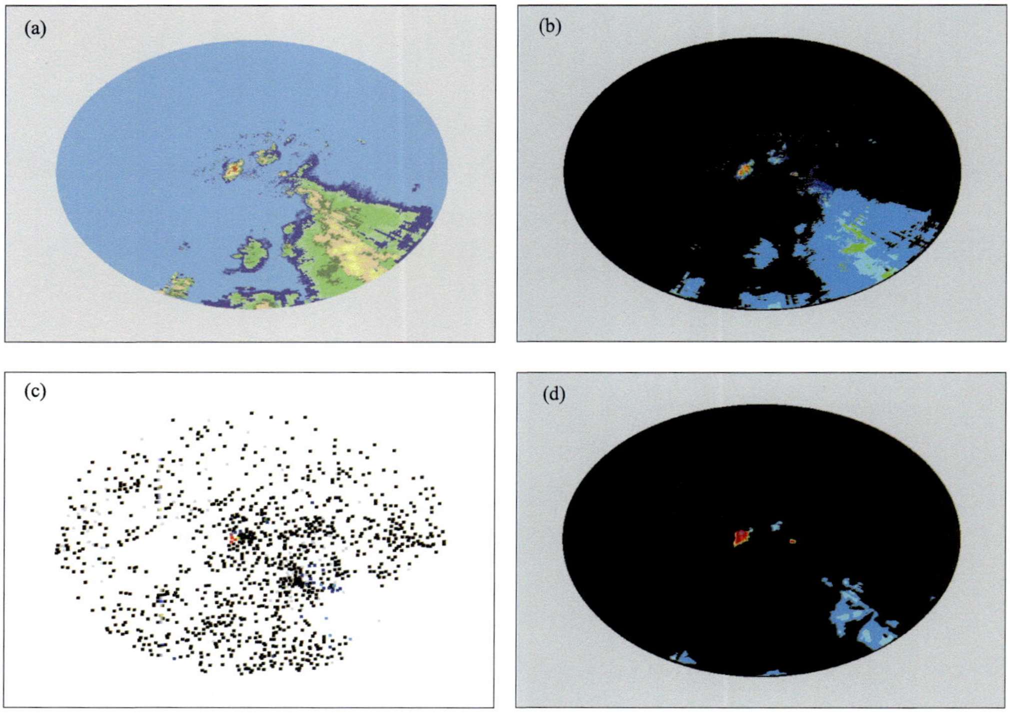

图 5.13　订正效果展示图

(a)雷达回波实况；(b)未经过订正的雷达降水估计场；
(c)地面站点降水 5 min 实况；(d)订正后的雷达降水估计场

5.3.3.3　基于线性回归的时间误差订正技术

基于线性回归的时间误差订正技术主要通过线性回归方法分析过去 2 h 降水变化情况，确定降水变化趋势的参数，并用来修订未来 2 h 的降水预报情况。

与空间误差订正不同的是，时间误差订正累积的是过去 2 h 逐 5 min 降水，而空间误差订正累积的是过去 5 min 的降水。时间误差订正的主要步骤如下。

(1)根据雷达编号及产品时间，通过历史数据文本/实时数据 web 接口获取到对应的地面站点过去 2 h 逐 5 min 数据。

(2)通过线性回归计算出过去站点降水变化趋势，分别计算过去 2 h 有降水站点数量变化斜率 S、过去 2 h 所有站点平均雨量变化斜率 A、过去 2 h 降水站点平均雨量变化斜率 R。其中有降水站点数量变化斜率 S 反映的是降水区域的变化情况，所有站点平均雨量变化斜率 A 反映的是区域平均的降水效率的变化情况，降水站点平均雨量变化斜率 R 反映的是降水云团的降水雨强变化情况。则雨强变化系数 a、b 的计算公式为：

$$a=\begin{cases}1.0+A & S\leqslant 0\\ 1.0 & \text{其他}\end{cases} \tag{5.4}$$

$$b=\begin{cases}-R & S>0 \text{ 且 } R \text{ 存在}\\ -R\times 2 & S\leqslant 0 \text{ 且 } R \text{ 存在}\\ 0.0 & R \text{ 不存在}\end{cases} \tag{5.5}$$

$$a=\min(m,1.01) \tag{5.6}$$

$$b=\max(n,0) \tag{5.7}$$

$$b=\begin{cases}\max(n,-0.01) & n>-0.01 \text{ 或 } n<0.01\\ 0.0 & \text{其他}\end{cases} \tag{5.8}$$

根据计算出的回归系数 a,b,计算出订正后的降水预报值(QPF_1)。

$$QPF_1=a\times QPF+b \tag{5.9}$$

结果如图 5.14 所示。

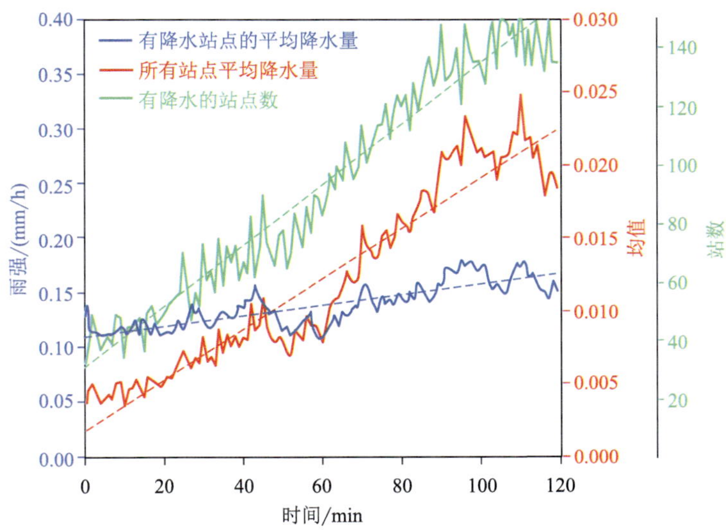

图 5.14　过去 2 h 内降水量的时间序列示意图

绿线、红线和蓝线分别表示过去 2 h 内的降水站数量、过去 2 h 所有站点的平均降水量及过去 2 h 有降雨的站点的平均降水量

5.3.4　检验分析

5.3.4.1　检验方法

按照前面章节中的检验指标计算方法,以 2018 年全年为测试时间段,选取北京市 154 个考核站作为检验站点,以 0.05 mm 降水量作为晴雨阈值,分别计算业务分钟降水北京单站产品、本研究回算分钟降水北京单站产品的各项性能指标,包括 TS 评分、空报率(FAR)、漏报率(MR)。对于空间误差订正的检验,主要以地面实况降水 5 min 累积作为真值,分别检验业务的雷达 qpe 产品和本研究订正后的雷达 qpe 产品。对于时间误差订正结果,主要以地面实况降水 30 min 累积作为真值,分别检验业务的雷达 qpf 产品 30 min 累积值和本研究订正后的

雷达 qpf 产品 30 min 累积值。

对于时效性检验，以订正算法前端数据准备完成为开始时间，以算法运行生成结果数据为结束时间，计算出每个时次算法运行所花费的时间，并进行统计分析。

5.3.4.2 空间误差订正结果检验

按月份统计，计算结果如图 5.15—图 5.18 所示。

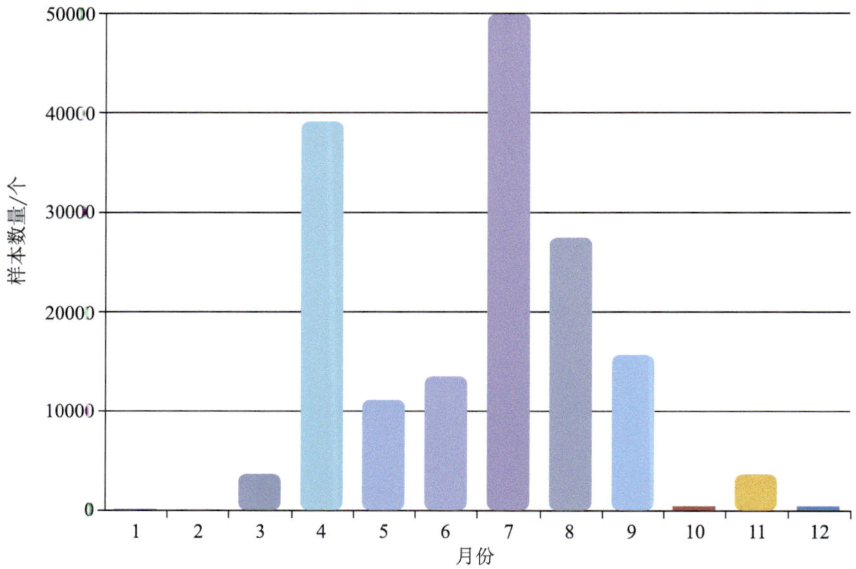

图 5.15　月实况有降水样本数

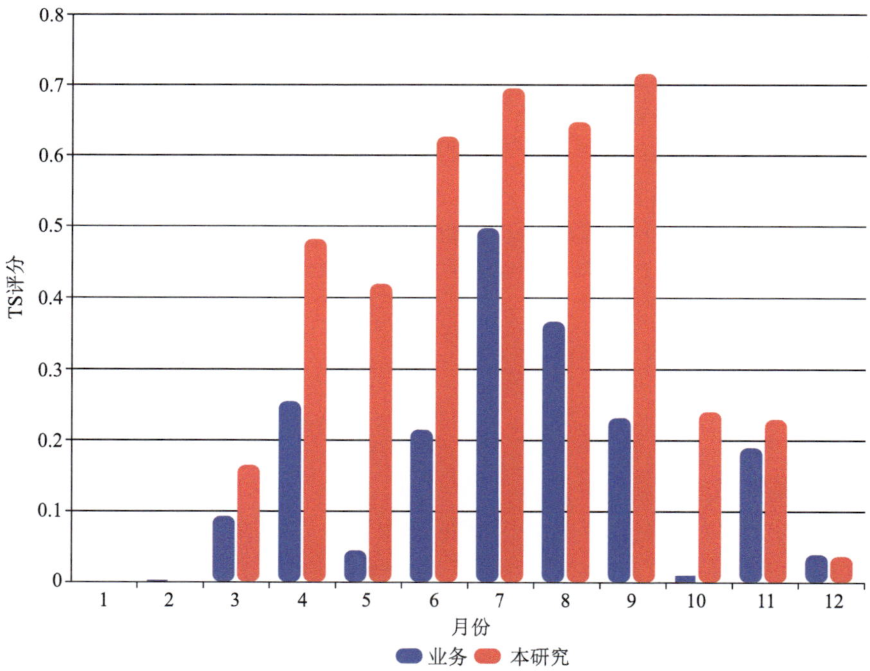

图 5.16　TS 评分逐月对比

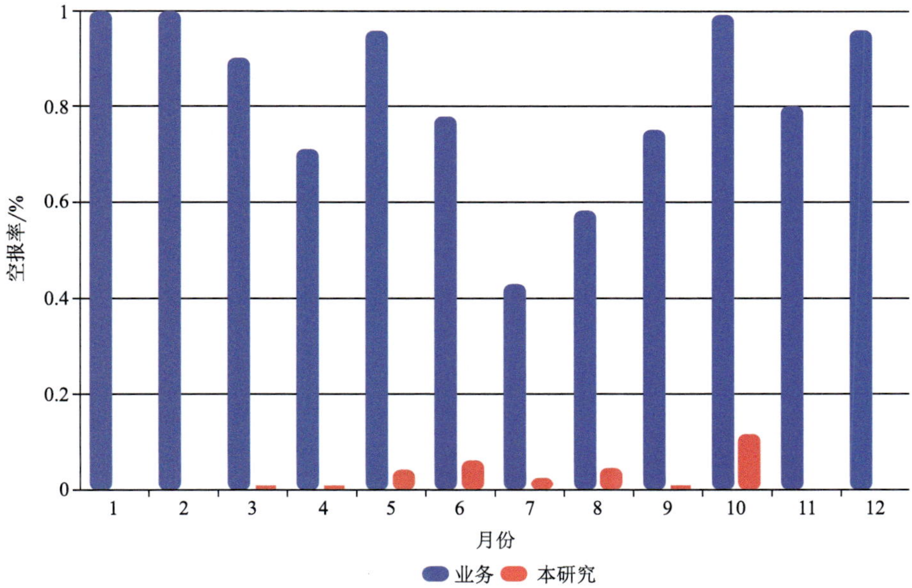

图 5.17　空报率逐月对比

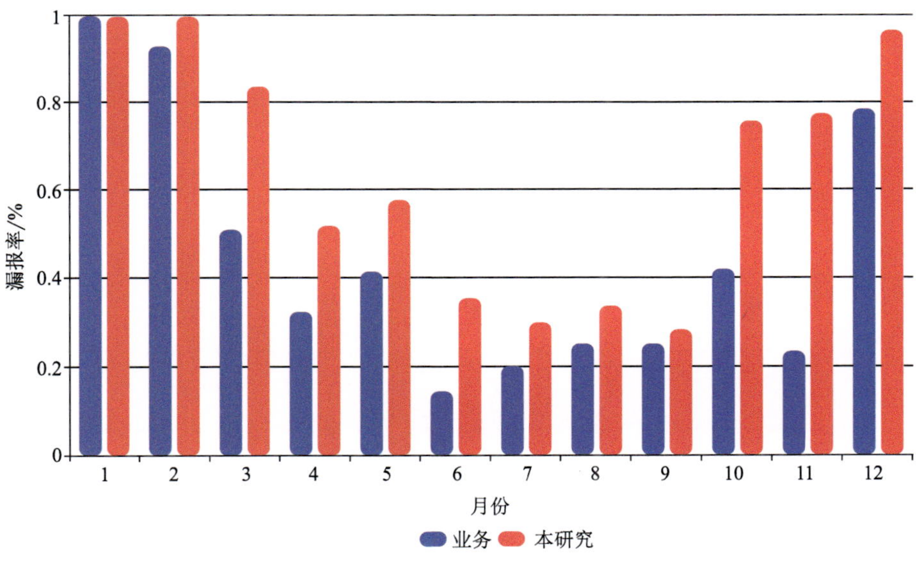

图 5.18　漏报率逐月对比

不同月份之间有降水样本数差异较大，其中 1—3 月、10—12 月降水样本较少，其余月份样本相对较多。样本相对较少的月份，其订正后的 TS 评分也相对较低。对于空间误差订正，除 1 月、2 月、12 月之外，其余每月 TS 均有提升。通过对比分析空报率和漏报率可知，本书中的订正算法可以大大降低空报率，同时会导致漏报率有所增加。但从整体上看，空报率和漏报率由原先的年平均 0.7677、0.2602 变为 0.0244、0.4015，总体减少 30.1%，TS 评分有大幅度提升，由原先的年平均 0.2147 提高到 0.5897，总体提高 37.5%。

5.3.4.3 时间误差订正结果检验

不同月份之间 30 min 累积降水有降水样本数差异较大，其分布情况同雷达 qpe 对应的 5 min 降水累积大致相同，其中 1—3 月、10—12 月降水样本较少，其余月份样本相对较多。样本相对较少的月份，其订正后的 TS 评分也相对较低。

根据图 5.19—5.22 所示，对于时间误差订正，在 4 月、5 月、6 月、8 月、9 月、10 月 TS 有较大提升，其余月份没有提升或者提升幅度很小。通过对比分析空报率和漏报率可知，本书中的订正算法在大部分月份中可以降低空报率，同时会导致漏报率增加。但从整体上看，空报率和漏报率由原先的年平均 0.7212、0.3064 变为 0.162、0.5222，总体减少 21.4%，TS 评分由原先的年平均 0.2482 提高到 0.4374，总体提高 18.9%。

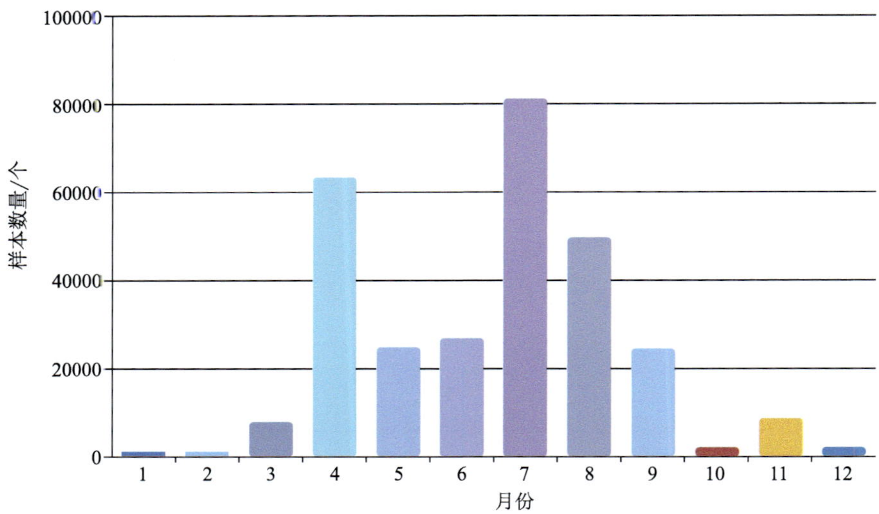

图 5.19 月 30 min 实况累积有降水样本数

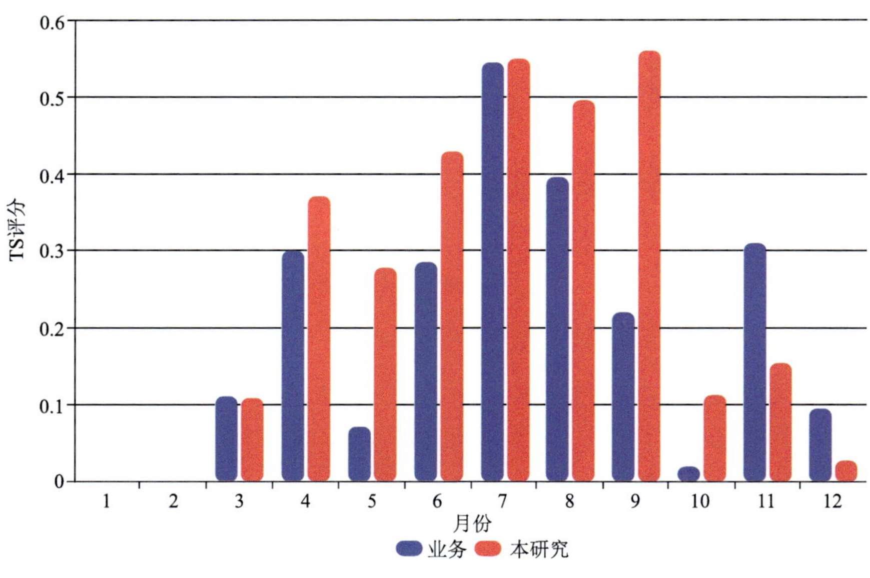

图 5.20 TS 评分逐月对比

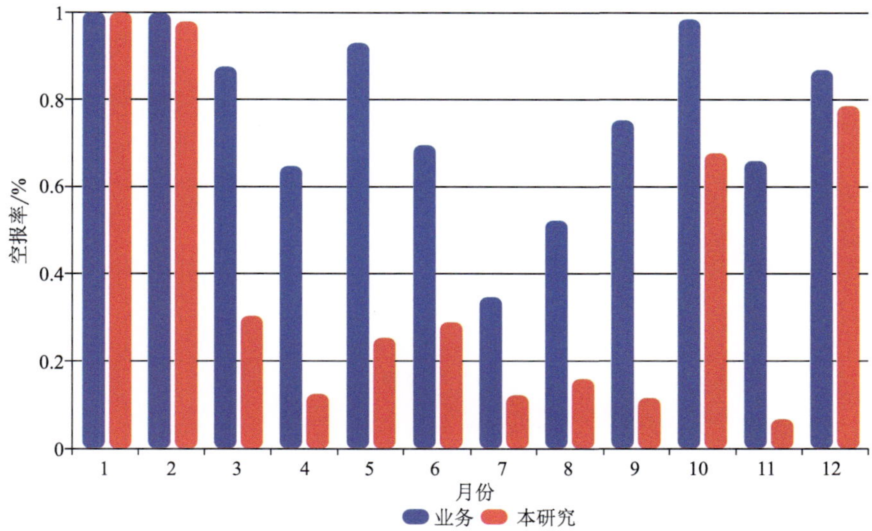

图 5.21 空报率逐月对比

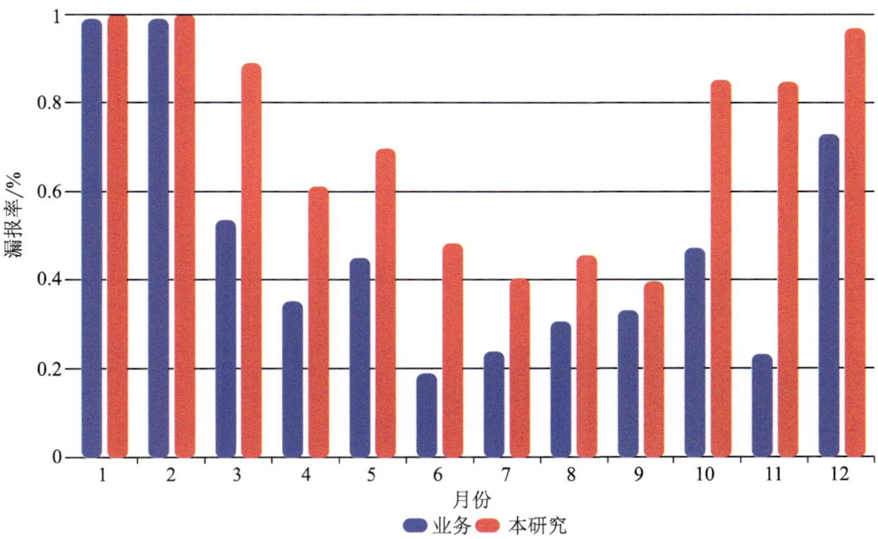

图 5.22 漏报率逐月对比

5.3.4.4 算法时效性检验

空间误差订正算法和时间误差订正算法。为了实现滚动实时订正，需要算法在下一时次雷达基数据到达之前运行完成(雷达数据间隔约为 6 min)。算法时效性检验主要在测试服务器上(CPU24 核、内存 64 G)进行。测试结果如表 5.5 所示。

表 5.5 订正算法运行时间统计

月份	空间误差订正平均时间/s	空间误差订正最大时间/s	空间误差订正最小时间/s	时间误差订正平均时间/s	时间误差订正最大时间/s	时间误差订正最小时间/s
1	4.7	7.8	2	9.8	15.2	7.7
2	5.4	9.6	3	11.5	16.7	9.4

续表

月份	空间误差订正平均时间/s	空间误差订正最大时间/s	空间误差订正最小时间/s	时间误差订正平均时间/s	时间误差订正最大时间/s	时间误差订正最小时间/s
3	5	23.6	1.5	10.8	34.5	8
4	5.2	56.3	1.5	10	81.8	3.8
5	6.4	20.1	1.1	10.6	37.4	3.7
6	5	8.8	2	9.8	14.4	7.6
7	4.5	8.9	1.6	8.6	16.2	6.1
8	3.9	7.7	1.8	7.7	13	5.8
9	3.9	7.5	1.8	8	12.3	6.4
10	3.8	7.2	1.8	8.1	13.1	6.5
11	4.3	17.6	0.9	7.9	24	3.4
12	6.3	17.3	0.2	12.8	26	0.3
总计	4.9	56.3	0.2	9.6	81.8	0.3

空间误差订正平均时间为 4.9 s，空间误差订正最大时间为 56.3 s，空间误差订正最小时间为 0.2 s，时间误差订正平均时间为 9.6 s，时间误差订正最大时间为 81.8 s，时间误差订正最小时间为 0.3 s，能够满足实时运行要求。

5.3.5 结论

本节基于地面实况分钟降水资料，对天气雷达分钟降水产品滚动实时订正技术进行了研究，通过研发雷达回波单体提取，基于线性插值的空间误差订正技术、线性回归的时间误差订正等关键技术，建立了天气雷达分钟降水产品订正技术流程。经过本书方法与业务产品的检验结果对比，在研究数据集上本书方法可以使产品 30 min 降水预报漏报率和空报率总体减少 21.4%，总体 TS 评分提高 18.9%。本书方法平均在秒级或十秒级时间内运行完成，最大运行时间不超过 3 min，能够满足实时运行要求。

以上对天气雷达分钟降水产品滚动实时订正技术进行了初步研究，未来考虑使用实时业务产品数据检验系统算法效果。另外考虑引入卫星产品、地面温压湿风气象要素等数据，进一步提高算法的性能。

参考文献

鲍其云，麻土华，李长江，等，2016. 浙江 62 个丘陵山区县引发滑坡的降雨强度——历时阈值[J]. 科技通报，32(5)：48-55，95.

崔鹏，杨坤，陈杰，2003. 前期降雨对泥石流形成的贡献——以蒋家沟泥石流形成为例[J]. 中国水土保持科学，1(1)：11-15.

窦鸿身，姜加虎，2003. 中国五大淡水湖[M]. 合肥：中国科学技术大学出版社 .

杜惠良，钮学新，殷坤龙，等，2006. 浙江省滑波、泥石流多发区气象预警研究[J]. 高原气象，25(1)：151-158.

谷军霞，师春香，潘旸，2018. 天气雷达定量估测降水研究进展[J]. 气象科技进展(1)：71-78.

刘静，陈光舟，张晓红，2012. 几种数值预报产品在淮河流域面雨量预报中的应用检验[C]//袁长江 . 促进科技经济结合，服务创新驱动发展——蚌埠市科协 2012 年度学术年会论文集 . 蚌埠：蚌埠市科学技术协会：228-233.

卢小凤，李仲怡，陈剑飞，等，2020. 智能网格产品在西江流域面雨量预报中的应用检验[J]. 气象研究与应用，41(2)：45-49.

麻土华，李长江，孙乐玲，等，2011. 浙江地区引发滑坡的降雨强度-历时关系[J]. 中国地质灾害与防治学报，22(2)：20-25.

汪瑛，冯业荣，蔡锦辉，等，2011. 雷达定量降水动态分级 *Z-I* 关系估算方法[J]. 热带气象学报，27(4)：601-608.

王赵飞，林晨，许金朵，等，2019. 巢湖流域非点源颗粒态磷负荷的空间差异及关键影响因子研究[J]. 农业环境科学学报，38(3)：181-192.

韦方强，胡凯衡，陈杰，2005. 泥石流预报中前期有效降水量的确定[J]. 山地学报，23(4)：4453-4457.

张国平，宋建洋，邵小路，等，2015. 近期我国大型地质灾害预报与避险案例分析[J]. 自然灾害学报，24(3)：20-27.

张倩，张进旗，吴兴国，等，2021. 沧州市 2018 年“8 · 14 摩羯”台风暴雨与 2017 年“8 · 2 低压暴雨”对比研究[J]. 水利科技与经济，27(6)：41-47.

郑铮，潘灵杰，钱燕珍，等，2021. 台风“利奇马”造成浙江沿海极端强降水的演变特征[J]. 干旱气象，39(2)：269-278.

周俊成，2018. 巢湖流域径流量时间分配及趋势变化分析[J]. 治淮(11)：9-11.

周明浪，邵新民，罗美芳，2014. 浙江温州滑坡地质灾害预警方法及应用[J]. 中国地质灾害与防治学报，25(2)：90-98.

BOWLER N，PIERCE C，SEED A，2004. Development of a rainfall nowcasting algorithm based on optical flow techniques[J]. Journal of Hydrology，288(1)：74-91.

CAINE N，1980. The rainfall intensity：Duration control of shallow landslides and debris flows[J]. Geografiska Annaler. Series A，Physical Geography，62(1/2)：23-27.

CAMPBELL R，1975. Soil slips，debris flows，and rainstorms in the Santa Monica Mountains and vicinity，southern California[R]. US Geological Survey Professional Paper 851. Washington DC：US. Government Printing Office：51.

CANNON S，ELLEN S，1985. Rainfall conditions for abundant debris avalanches，San Francisco Bay region，California[J]，California Geology，38(12)：267-272.

CHEN C，CHEN T，YU F ，et al，2005. Rainfall duration and debris-flow initiated studies for real-time monitoring[J]. Environmental Geology,47(5):715-724.

CRISTIANINT N,2000. An Introduction to Support Vector Machines and Other Kernel-based Learning Methods[M]. The United Kingdom:The University Press.

GARIANO S,BRUNETTI M,IOVINE G ,et al,2015. Calibration and validation of rainfall thresholds for shallow landslide forecasting in Sicily,southern Italy[J]. Geomorphology,228:653-665.

GIANNECCHINI R,GALANTI Y D,et al,2012. Critical rainfall thresholds for triggering shallow landslides in the Serchio River Valley (Tuscany, Italy) [J]. Natural Hazards and Earth System Sciences, 12(3): 829-842.

GUZZETTI F,PERUCCACCI S,ROSSI M ,et al,2007. Rainfall thresholds for the initiation of landslides in Central and Southern Europe[J]. Meteorology and Atmospheric Physics,98(3):239-267.

HADADIN N,2005. Rainfall intensity-duration-frequency relationship in the Mujib Basin in Jordan[J]. Journal of Applied Sciences,5(10):1777-1784.

HE S,WANG J,LIU S,2020. Rainfall event-duration thresholds for landslide occurrences in China[J]. Water, 12(2):494.

JOYCE R,JANOWIAK J,ARKIN P,et al,2004. CMORPH: A method that produces global precipitation estimates from passive microwave and infrared data at high spatial and temporal resolution[J]. Journal of Hydrometeorology,5(3):287-296.

KARKI S, SULTAN M, Al-Sefry, et al, 2018. A remote sensing-based intensity-duration curve, Faifa Mountains,Saudi Arabia[J]. Natural Hazards and Earth System Sciences,19(6):1235-1249.

LI C,MA T,ZHU X ,et al,2011. The power-law relationship between landslide occurrence and rainfall level [J]. Geomorphology,130(3-4):221-229.

LI N,CUO L,ZHANG Y,2021. On the freeze-thaw cycles of shallow soil and connections with environmental factors over the Tibetan Plateau[J]. Climate Dynamics,57(11-12):3183-3206.

LU X,YU H,YING M,et al,2021. Western North Pacific tropical cyclone database created by the China Meteorological Administration[J]. Advances in Atmospheric Sciences,38(4):690-699.

LUCAS B,KANADA T,1981. An iterative image registration technique with an application to stereo vision [C]// Proc. of the 7th International Conference on Artificial Intelligence:674-679.

MA T,LI C,LU Z ,et al,2015. Rainfall intensity-duration thresholds for the initiation of landslides in Zhejiang Province,China[J]. Geomorphology,245(SEP. 15):193-206.

SCHAEFER J T,1990. The critical success index as an indicator of warning skill[J]. Weather and Forecasting, 5(4):570-575.

STARKEL L,1979. The role of extreme meteorological events in the shaping of mountain relief[J]. Geographica Polonica,41:13-20.

VYVER V D H,2015. Bayesian estimation of rainfall intensity-duration-frequency relationships[J]. Journal of Hydrology,529:1451-1463.

WANG X,BI H,2020. The effects of rainfall intensities and duration on SCS-CN model parameters under simulated rainfall[J]. Water,12(6):1595.

XU W,YU W,ZHANG G,2012. Prediction method of debris flow by logistic model with two types of rainfall: A case study in the Sichuan,China[J]. Natural Hazards,62(2):733-744.

YANG X,KUANG Q,ZHANG W,et al,2015. Learning new *Z-R* relationships with multilevel radar reflectivity for QPE[J]. Quarterly Journal of the Royal Meteorological Society,00: 1-8.

YING M,ZHANG W,YU H,et al,2014. An overview of the China Meteorological Administration tropical cyclone database[J]. Journal of Atmospheric and Oceanic Technology,31(2):287-301.